农村劳动力培训阳光工程项目

人工草地建植员

张巧莲　主编

中原出版传媒集团

中原农民出版社

·郑州·

图书在版编目(CIP)数据

人工草地建植员/张巧莲主编. —郑州：中原农民出版社，2013. 8

（农村劳动力培训阳光工程项目）

ISBN 978 – 7 – 5542 – 0571 – 6

Ⅰ. ①人… Ⅱ. ①张… Ⅲ. ①草坪 – 观赏园艺 – 技术培训 – 教材 Ⅳ. ①S688. 4

中国版本图书馆 CIP 数据核字（2013）第 211671 号

出版： 中原出版传媒集团　中原农民出版社

　　（地址：郑州市经五路 66 号　　电话：0371—65751257

　　邮政编码：450002）

发行单位： 全国新华书店

承印单位： 河南龙华印务有限公司

开本： 787mm × 1092mm　　　　　　1/16

印张： 10. 25

字数： 210 千字

版次： 2013 年 9 月第 1 版　　　　**印次：** 2013 年 9 月第 1 次印刷

书号： ISBN 978 – 7 – 5542 – 0571 – 6　　　　**定价：** 21. 00 元

本书如有印装质量问题，由承印厂负责调换

编写说明

2013 年，农业部办公厅、财政部办公厅联合下发了《2013 年农村劳动力培训阳光工程项目实施指导意见》，意见指出"农业职业技能培训、农业创业培训不得以简单的讲义、明白纸等代替培训教材"。为了贯彻落实意见精神，在河南省农业厅的大力支持下，我们与河南省农广校、河南省农科院、河南农业大学等有关单位联合编写了这套适合职业农民培训的教材——农村劳动力培训阳光工程项目地方统编教材。本套教材立足培养农村生产经营型人才、专业技能型人才和社会服务型人才，包括《病虫专业防治员》《畜禽养殖技术员》《水产养殖技术员》《村级动物防疫员》《乡村兽医》《人工草地建植员》《水产动物病害防治员》《果桑茶园艺工》《花卉园艺工》《蔬菜园艺工》《肥料配方师》《农药经销员》《兽药经销员》《种子代销员》《农机操作员》《农机维修员》《沼气工》《畜禽繁殖员》《合作社骨干员》《农村经纪人》《农民信息员》《农业创业培训》《乡村旅游服务员》《太阳能维护工》等 24 个品种。

本套教材汇集了相关学科的专家、技术员、基层一线生产者的集体智慧，轻理论重实践，突出实用性，既突出了教材的规范性，又便于农民朋友实际操作。

因教材编写的需要，作者采用了一些公开发表的图片或信息，由于无法与这些图片和信息作者取得联系，在此，谨向图片及有关信息所有者表示衷心感谢，同时希望您随时联系 0371－65750995，以便支付稿酬。

由于时间紧，编写水平有限，疏漏谬误之处，欢迎批评指正，以便我们在改版修订中完善。

丛书编委会
2013 年 9 月

目 录

第一章 草坪概述

【知识目标】

1. 了解草坪的概念、类型、作用。
2. 熟知草坪草的种类及应用特性。
3. 熟知土壤理化特性等生态环境对草坪草生长发育的影响。

【技能目标】

1. 能够识别常用的冷季型和暖季型草坪草种类。
2. 掌握常见草坪草的生态习性，并合理应用。

第一节　草坪概念及分类

一、草坪的概念

草坪指多年生低矮草本植物在天然形成或人工建植后经养护管理而形成的相对均匀、平整的草地植被。其目的是为了保护环境、美化环境，以及为人类休闲、游乐和体育活动提供优美舒适的场地。

二、草坪的作用及使用效益

当代草坪行业之所以能够迅速发展，在于草坪对人类具有巨大的贡献，它在保护和改善脆弱的城市生态系统、重建更亲近自然、清新优美的环境等方面具备独特的价值。美国著名的草坪学家 J. B. Beard 把草坪的效益分为 3 个方面：功能性、观赏性、娱乐性，即它具有生态效益、美学价值和娱乐功能。

三、草坪的类型

（一）依据植物材料的不同分

1. 单播草坪

由一种植物材料组成的草坪。

2. 混播草坪

由多种植物材料组成的草坪。

3. 缀花草坪

以多年生矮小禾草或拟禾草为主，混有少量草本花卉的草坪。

（二）按草坪的用途分

1. 游憩草坪

可开放供人入内休息、散步、游戏。一般选用叶细、韧性较大、较耐踩踏的草种。

2. 观赏草坪

不开放，不能入内游憩。一般选用颜色碧绿均匀，绿色期较长，能耐炎热，又能抗寒的草种。

3. 运动场草坪

根据不同体育项目的要求选用不同草种，有的要选用叶细软的草种，有的要选用叶坚韧的草种，有的要选用地下茎发达的草种。

4. 交通安全草坪

主要设置在陆路交通沿线，尤其是高速公路两旁，以及飞机场的停机坪上。

5. 保土护坡的草坪

用以防止水土被冲刷，防止尘土飞扬。主要选用生长迅速、根系发达或具有匍匐性的草种。

第二节 草坪草的特征与分类

一、草坪草的特征

（一）草坪草的一般特征

第一，地上部分生长点低，并有坚韧叶鞘的保护，能减轻机械损伤及踏压危害；第二，叶数量多、小型、细长、直立，利于光线进入下层，减少黄化枯死，且修剪后不易显示色斑；第三，多为低矮的丛生型或匍匐型，覆盖力强；第四，对不良环境的适应性强，分布广泛，在贫瘠、干燥、多盐分地区都有较多分布；第五，繁殖力强，种子量大，发芽性好。

（二）草坪草的坪用特性

第一，草坪草为草本植物，具一定的弹性和良好的触感；第二，一般为匍匐型或丛生型，能形成草坪独特的景观；第三，生长旺盛，分布广泛，再生力强，即使进行多次修剪也易得到恢复；第四，对不良环境的适应性强，对气候、土壤条件的好坏及其变化均能良好适应；第五，对外力的抵抗性强，对踏压、修剪等有强的适应性；第六，草坪草通常结实量大，容易收获，发芽性好；第七，无毒、无害，草坪草通常无刺或其他刺人的器官。

二、草坪草的分类

草坪草的种类资源丰富，目前已经利用的草坪草有1 500多个品种，草坪草的分类是选择草坪的重要依据。

（一）植物学分类

1. 禾本科草坪草

草坪草的主体，占草坪植物的90%以上。

常见禾本科草坪草

科	亚科	属	代表草种
禾本科	羊茅亚科	羊茅属	高羊茅、紫羊茅、匍匐紫羊茅、硬羊茅、羊茅
		早熟禾属	草地早熟禾、加拿大早熟禾、粗茎早熟禾、一年生早熟禾
		黑麦草属	多年生黑麦草、一年生黑麦草
		剪股颖属	细弱剪股颖、匍匐剪股颖
	画眉草亚科	狗牙根属	狗牙根
		野牛草属	野牛草
		结缕草属	细叶结缕草、沟叶结缕草
	黍亚科	蜈蚣草属	假俭草
		地毯草属	地毯草
		雀稗属	美洲雀稗
		狼尾草属	狼尾草
		钝叶草属	钝叶草

2. 非禾本科草坪草

除禾本科外，具有发达匍匐茎、耐践踏、低矮细密、易形成草坪的草类还有莎草科、豆科、旋花科、百合科等的一些植物。

（二）依据气候与地域分布分类

1. 暖季型草坪草

又称"夏绿型草"，主要特点是冬季气温低于10℃时则进入休眠状态，早春开始返青，但耐寒力弱，最适宜生长的温度范围是26～32℃，抗旱、抗病虫害能力强，管理相对粗放。我国目前栽培的草种，大部分适合于黄河流域以南的华中、华南、华东、西南等地区，如细叶结缕草、沟叶结缕草、狗牙根、假俭草等。暖季型草坪草中仅有少数品种可以获得种子，因此主要以营养繁殖方式进行草坪的建植。此外，暖季型草坪草均具有相当强的长势和竞争力，当群落一旦形式，其他草很难侵入。

2. 冷季型草坪草

又称"寒地型草"或"冬绿型草"，主要特征是耐寒性较强，在部分地区冬季呈常绿状态或休眠状态，夏季不耐炎热，春秋两季生长旺盛，最适生长温度为15～25℃，适合于在我国北方地区栽培。但某些冷季型草，如高羊茅、匍匐剪股颖和草地早熟禾可在过渡带或热带与亚热带地区的高海拔地区生长。目前世界上常用的冷季型草坪草有20多种，它们主要来自北欧和亚洲。草地早熟禾、细羊茅、多年生黑麦草、小糠草和高羊茅都是我国北方较适宜的冷季型草坪草种。

第三节 常见冷季型草坪草

冷季型草坪草适宜在我国黄河以北种植。其生长迅速、品质好、用途广，耐寒性强，绿期长，一年中有春、秋两季生长高峰，但抗热性差，夏季生长缓慢，并出现短期休眠现象，且抗病虫能力差，要求管理精细，使用年限较短。

一、羊茅属

禾本科多年生植物，羊茅属植物有100多种，分布在温带、寒带及热带、亚热带高山地区。我国有20多种，产于西南、西北、东北地区，适宜于生长在寒冷潮湿地区，且能在干燥、贫瘠、pH值为5.5～6.5的酸性土壤中生长。共同特点是抗逆性极强，对酸、碱、瘠薄、干旱土壤和寒冷、炎热的气候及大气污染等具有很强的抗性，是所有冷季型草坪草中抗性最强者。常用作草坪草的有高羊茅、紫羊茅、硬羊茅、羊茅等，其中高羊茅是粗叶型，其余则是细叶型。羊茅类草坪草主要用作运动场草坪及各类绿地草坪混播中的伴生种。

羊茅属常用草坪草特性

名称	形态特征	生态习性	培育特点	使用特点
高羊茅（苇状羊茅）	①多年生丛生型，高40～70厘米。②须根发达，根系深，秆直立光滑。③叶鞘通常平滑无毛，叶条形，宽5～10毫米，中脉明显，顶端渐尖，扁平，叶片质地粗，叶脉突出。④圆锥花序	喜光，中等耐阴，喜温暖潮湿，耐热性强，可耐短期38℃高温，耐寒性稍差，夏季不休眠。pH值适宜范围4.7～8.5，耐干旱，耐潮湿	种子直播法建坪（20～30克/米²），建坪速度较快。春秋季均可播种，但以秋播为好。在肥水较多的情况下，容易滋生病害。适于比较粗放的管理条件	叶片质地粗糙，耐践踏，难以形成致密草皮，可用作一般性的绿地草坪及运动场，其建坪快，根系深，耐贫瘠土壤，可作保土草坪建植。由于抗冻性稍差，高羊茅很少用在北方的冷湿带，主要适于南方的冷湿地区、干旱凉爽区以及过渡带
紫羊茅	①多年生密丛型。②须根发达，具根状茎，短的匍匐茎。③叶片线形，对折内卷，光滑柔软，深绿色；叶鞘基部红棕色并有枯叶纤维。④圆锥花序，小穗淡绿色而先端带紫色	耐阴性强，喜凉爽湿润气候；抗旱、抗寒、耐酸、耐贫瘠，pH值适宜5.5～6.5；耐湿性不及高羊茅，抗热性差，38～40℃枯萎	种子繁殖为主，种子小，浅播为宜，也可用营养体繁殖。出苗快，建坪速度较快，管理较粗放，注意通气，不耐淹，不能忍受高湿度，一般3～5年需更新草坪	寿命长、色泽好、绿期长，耐践踏、耐遮阴，常用于遮阴地建植草坪、庭院、公共绿地绿化、保土草坪等。在寒冷潮湿地区，可与草地早熟禾混播，以提高建坪速度。耐低修剪，留茬高度2厘米仍能正常生长

名称	形态特征	生态习性	培育特点	使用特点
羊茅	①多年生密丛型。②不具根茎，叶鞘光滑；叶挺直，柔软稍粗糙，淡蓝绿色，内卷成针状。③收缩的圆锥花序，小穗淡绿色或淡紫色	适于寒冷潮湿气候的多年生草，耐低温，抗霜冻，不耐热，抗旱但不耐湿。耐酸、耐贫瘠土壤	种子直播建坪。羊茅的栽培要求比紫羊茅低。叶子较粗糙，一般修剪高度为1.5~2.5厘米	由于其种子有限，故很少用于草坪。商品种子主要产于欧洲。常作低质量的草坪，如路旁和寒冷潮湿气候更冷一些的地区

目前，高羊茅常见栽培品种有皇后、野狼、猎狗5号、爱瑞等。紫羊茅常见的品种有斑纳、威斯它、皇冠、迭戈。羊茅常见的品种有埃麦克斯、草地Ⅰ号。

高羊茅

紫羊茅

羊茅

二、早熟禾属

早熟禾属草坪草是当前广泛使用的冷季型草坪草之一，约200种，广泛分布于温带和寒带地区。我国约有100种，以西南、东北地区较多。代表种是草地早熟禾、粗茎早熟禾、加拿大早熟禾和一年生早熟禾等，从营养体上鉴别早熟禾属的最明显的特征是叶尖船形以及叶片主脉两侧的平行细脉浅绿色。本属植物根茎发达，形成草皮的能力极强，草质细密、低矮、平整，草皮弹性好，叶色浓绿、绿期长。抗逆性相对较弱，对水、肥、土壤质地要求严格。但是草坪坪观质量好，生长期长，根茎发达，耐践踏，要求较高的养护水平。

早熟禾属常用草坪草特性

名称	形态特征	生态习性	培育特点	使用特点
草地早熟禾（六月禾）	①多年生草本，具根状茎。②秆丛生、光滑，具2～3节。③叶条形，柔软，宽2～4毫米，叶尖呈船形。④圆锥花序	喜光耐阴。喜温暖湿润但耐寒性强，在－38℃可安全越冬；抗旱性、耐热性较差，夏季炎热时生长停滞，春秋生长繁茂；喜排水良好、肥沃疏松的土壤。根茎繁殖力强，再生性好	种子繁殖，播种量15克/米^2，45天可成坪。耐低修剪，高度2.5～5厘米	生长年限长，绿期长，叶质细软，颜色光亮鲜明，具有良好的均匀性、密度和平滑度，适应性强，栽培区域广。为北方理想的运动场草坪和各种绿地的主体草坪草

续表

名称	形态特征	生态习性	培育特点	使用特点
一年生早熟禾	①一年生或越年生草本植物，株丛低矮，高8～30厘米。②秆直立或基部稍倾斜。③叶片扁平柔软细长，宽2～3毫米，在生长季或冬季为浅绿色。④具小而疏松的圆锥花序	喜光、耐阴、耐寒，不耐热，不耐旱，高温干旱下易枯死。在温暖潮湿地区，表现冬季一年生性；而在寒冷潮湿地区，它又表现为夏季一年生性；适宜潮湿贫瘠，中性到微酸性和排水良好的土壤	种子自繁能力极强，较耐低修剪	一年生地区，用作观赏草坪；越年生地区，可用于"套种"草种
加拿大早熟禾	①多年生，株高30～50厘米。②具根茎，茎显著扁平。③叶片扁平或边缘稍有内卷，长3～12厘米，宽1～4毫米，色泽蓝绿。④圆锥花序狭窄	长寿命的多年生草坪草，主要适于寒冷潮湿气候下更冷一些地区生长。喜阳耐阴，较草地早熟禾耐寒、耐旱、耐土壤瘠薄，不耐炎热	利用种子直播建坪。加拿大草地早熟禾很耐贫瘠土壤，但最适生长在pH值高于6.0且肥沃、潮湿的土壤上	成坪效果差，不太美观，它的使用限于低质量、低养护水平的草坪，适合作固坡植物，修剪高度7.5～10厘米时生长良好。目前使用的品种较少，国内大多使用野生种

草地早熟禾常见的品种有自由Ⅱ、兰神、新哥来德、蓝筹等。

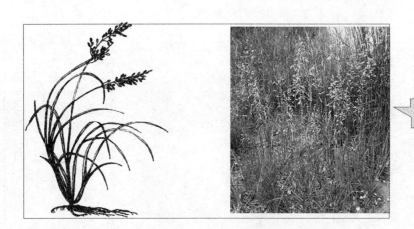

草地早熟禾

一年生早熟禾

加拿大早熟禾

三、黑麦草属

　　禾本科黑麦草属，约10个种，主要分布在欧亚大陆温带地区。该属是当前草坪生产中广泛使用的冷季型草坪草种之一，栽培品种很多，在我国属于引种栽培，用作草坪草的主要是多年生黑麦草和一年生黑麦草。由于多年生黑麦草和一年生黑麦草种间杂交十分频繁，在二者之间存在很多中间类型，选育出的商用品种也比较多。混播建坪时，黑麦草通常用作速生保护草种。随着现代草坪品种改良的发展，黑麦草在草坪中所扮演的角色也在不断改变。

黑麦草属常用草坪草特性

名称	形态特征	生态习性	培育特点	使用特点
多年生黑麦草	①多年生丛生型草本，根茎短而细弱，须根稠密。②叶片狭长，柔软，长9～20厘米，宽3～6毫米，深绿，具光泽，富有弹性，叶背面光滑发亮，正面叶脉明显，幼叶折叠于芽中。③穗状花序	喜温暖湿润较凉爽的环境。喜光，不耐阴，耐寒性和耐热性均较差。生长最适温度20～27℃，耐湿而不耐干旱和瘠薄，在肥沃排水良好的黏土中生长良好	种子直播建坪，单播量25～35克/米²。播后4～7天出苗，苗期生长较快。播后3～4个月即可形成中等密度的成熟草坪	发芽和成坪快速，可与草地早熟禾混播作先锋草种，还可用作水土保持及暖地型草坪的冬季交播。修剪高度一般4～6厘米。耐践踏性强，抗二氧化硫等有害气体
一年生黑麦草（多花黑麦草）	形态同多年生黑麦草近似，区别在于幼叶卷旋式，颜色相对较浅且粗糙；外稃明显具芒；小穗含小花数较多	适应性与多年生黑麦草相似。一年生黑麦草在所有冷季型草坪草中最不耐低温。抗潮湿和抗热性比多年生黑麦草差。最适于肥沃、pH值为6.0～7.0的湿润土壤	种子直播建坪，建坪速度快，再生能力很差。栽培要求与多年生黑麦草相类似，修剪高度3.8～5.0厘米	主要用于一般用途的草坪，能快速建坪形成临时植被。由于生命期短，所以用作草坪的范围很有限

多年生黑麦草又名黑麦草，宿根黑麦草。常见的品种有畅想、艾德王、金牌美达丽、托亚等。

多年生黑麦草　　一年生黑麦草

四、剪股颖属

剪股颖属约200种，广布于北温带，以北半球居多，适于寒冷、潮湿和过渡性气候，大多数品种具有很强的抗低温性，属内各个种的生长习性不同。

包括丛生型到强匍匐型的各个种类，由于匍匐生长，能耐低修剪（0.5 厘米甚至更低）。我国约有 20 种，常用于建植草坪的有匍匐剪股颖、细弱剪股颖、绒毛剪股颖和小糠草等。该类草具有匍匐茎或根茎，扩散迅速，形成草皮性能好，耐践踏，草质纤细致密，叶量大，适应于弱酸性、湿润土壤。可建成高质量草坪，如高尔夫球场、曲棍球场等运动场草坪和精细观赏型草坪。

剪股颖属常用草坪草特性

名称	形态特征	生态习性	培育特点	使用特点
匍匐剪股颖（本特草）	①多年生，具长的匍匐枝，秆基部有 8 厘米以上的茎秆匍匐地面生长，无根茎。②叶披针形，具小刺毛，叶鞘无毛，紫色，幼叶卷曲于芽中。③圆锥花序，成熟时呈紫色	喜冷凉湿润气候，能耐寒、耐热、耐瘠薄、耐低修剪、耐阴、耐践踏性中等，耐旱性差（匍匐茎节上不定根入土浅）；在微酸微碱土中均能生长	种子繁殖和营养繁殖（匍匐茎）均可。管理精细，覆土宜浅（0.5 厘米）；成坪后应注意及时浇水和修剪，抗病虫害能力较差	常用于运动场草坪如高尔夫球场、草地网球场、草地保龄球场等精细草坪，也可用于庭院、公园等养护水平较高的绿地。但由于其具有侵占性很强的匍匐茎，很少与其他冷季型草混播
细弱剪股颖（棕顶草）	①多年生；具短根茎，秆丛生直立。②叶质地较硬，叶狭窄，边缘和脉上粗糙。③圆锥花序	与匍匐剪股颖相似，喜寒冷潮湿地；耐旱性略强，抗寒性弱于匍匐剪股颖；抗热抗水性差，不耐践踏	修剪留茬不宜低于 1 厘米。与匍匐剪股颖混播可增强草坪的适应性与抗逆性	用作高尔夫球道和发球台草坪，有时也用于高尔夫球场果岭及其他一些高质量、细致的草坪
小糠草（红顶草）	多年生草本，质地粗糙，叶灰绿色。圆锥花序尖塔形，抽穗期草坪顶部呈鲜艳美丽的紫红色	与其他剪股颖相比，生态适应性更强，喜冷凉湿润气候，更耐寒，耐热，喜湿润，抗旱，喜阳	种子繁殖为主	与草地早熟禾、紫羊茅等混播，作运动场草坪或护土草坪、牧草草坪

匍匐剪股颖

细弱剪股颖

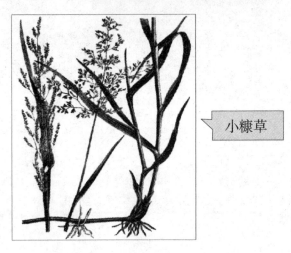

小糠草

第四节　常见暖季型草坪草

暖季型草坪草，主要分布应用于我国长江流域及其以南的广大地区，最适温度26～35℃，耐热性好，一年中仅有夏季一个生长高峰期，春秋生长缓慢，冬季休眠。暖季型草坪草仅有少数种可获得种子，因此以营养繁殖为主。此类型草大部分品种抗旱、抗病虫害能力强，管理相对粗放。绿期短，品质参差不齐。具有很强的长势和竞争力，群落一旦形成，其他草很难侵入。因此，这类草坪多为单一草种，很少有混合草坪，常见的暖季型草坪草有狗牙根、结缕草、地毯草、野牛草、假俭草等。

一、狗牙根属

禾本科植物，分布于欧洲、亚洲的亚热带及热带。我国产2个种及1个变种。用作草坪草的一般指狗牙根，近年来常用的还有杂交狗牙根。常用于亚热带和热带草坪。

（一）狗牙根

最重要的，也是分布最广的暖季型草坪草之一，又名百慕大草、绊根草、爬根草等，广布于温带地区，我国黄河流域以南各地均有野生。新疆的伊犁、喀什、和田也有分布。多生于村庄附近、道旁河岸、荒地山坡。欧洲和非洲也有广泛分布。

1. 形态特征

多年生草本，具根状茎或匍匐茎，茎秆细而坚韧，狗牙根节间长短不等，并于节上生根及产生分枝。幼叶折叠，成熟叶扁平线条形，宽 1～3 毫米，先端渐尖，通常两面无毛或有疏柔毛，穗状花序，小穗灰绿色或带紫色。

2. 生态习性

狗牙根为多年生草，也是生长最快、建坪最快的暖季型草，适宜温暖潮湿和温暖半干旱地区，喜光，极耐热和抗旱，但不抗寒也不耐阴。浅根系，且少须根，所以夏日不耐干旱，在烈日下有时部分叶枯黄。狗牙根在冬季进入休眠状态并且叶片呈浅褐色。当土壤温度低于10℃时，狗牙根便开始褪色，并且直到春天高于这个温度时才逐渐恢复。狗牙根适应的土壤 pH 值为 5.5～7.5，但最适于生长在排水较好、肥沃、较细的土壤上。

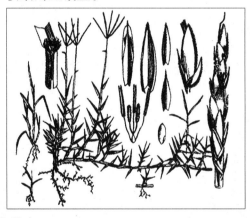

普通狗牙根

3. 培育特点

主要通过短枝、草皮来建坪。普通狗牙根是唯一可用种子来建坪的狗牙根。播种时间在晚春初夏，播种前一天浇透水，10～12 克/米^2。耐低修剪（1.5～3 厘米），需频繁垂直修剪且每次改变方向（生长快易形成芜枝层）；繁殖力强，冬季增施薄氮肥，夏秋宜施氮、钾肥。

4. 使用特点

狗牙根能形成致密、整齐的优质草坪，可用于温暖潮湿和温暖半干旱地区的草地、公园、墓地、公共场所、高尔夫球场、机场、运动场和其他比较普通的草坪。狗牙根极耐践踏，再生力极强，所以很适宜建植运动场草坪。普通狗牙根有时与高羊茅混播作一般的球场和运动场。常见品种有寒特、百慕大等。

（二）杂交狗牙根（天堂草）

冬季易褪色，耐低修剪（一般1.3～2.5厘米，有的品种可达6毫米）；营养繁殖为主，养护精细，修剪频繁时应增施氮肥和及时补充水分；可用于高尔夫球场果岭、球道、发球台以及足球场、草地网球场等。

二、结缕草属

结缕草属草坪草使用十分广泛，我国有5个种和变种。本属的大部分种类是优秀的草坪草种，其中常用的是细叶结缕草、沟叶结缕草、日本结缕草、中华结缕草等。

（一）细叶结缕草

俗称天鹅绒草或台湾草，产于我国南部地区，其他地区亦有引种栽培，是铺建草坪的优良禾草。因草质柔软，尤其适宜铺建儿童公园，是我国南方应用较广的细叶型草坪草种。

1. 形态特征

多年生草本，具细而密集的根茎和节间很短的匍匐枝，秆直立纤细，须根多浅生；叶片丝状内卷，宽0.5～1毫米，长2～6厘米；总状花序顶生，小穗窄狭，黄绿色，有时略带紫色。

2. 生态习性

细叶结缕草在气温上升到10～12℃时开始生长，15～25℃时生长旺盛，30～35℃时生长缓慢，36℃以上温度持续15天左右停止生长进入休眠状态。喜光，不耐阴，阳光充足时叶密色浓，节短叶窄，可形成地毯状草坪。光照不足时，叶稀而宽，枝少草层薄。细叶结缕草抗病、抗虫、耐践踏、耐修剪，一旦成坪，杂草很难入侵。

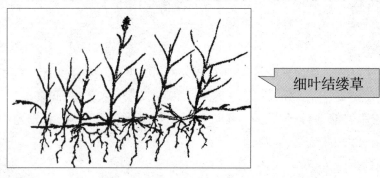

细叶结缕草

3. 培育特点

细叶结缕草采用营养繁殖。方法是将取自草皮切断的匍匐茎，置于疏松泥土上，保持一定湿度，约7天即能生根出芽，达到繁殖建坪的目的。也可采用草块散铺法，其草种用量可根据管理水平而定，其养护管理与一般草稍有差异。该草较为低矮，茎密集生长，杂草较少，因而剪草次数可大大减少，但必须修剪，若不修剪，将产生球状坪面凸起，降低草坪质量。

4. 使用特点

细叶结缕草是我国应用范围较广的优良草种之一，该草茎叶细柔，低矮平整，杂草少，具一定弹性，易形成草皮，可广泛用于各类运动场草坪、游憩草坪、观赏草坪、花坛草坪和水土保持草坪。

（二）沟叶结缕草

俗名马尼拉草，产于台湾、广东、海南省等地。它的叶子质地、植株密度、耐寒性介于日本结缕草和细叶结缕草之间，是一种优良的草坪草。

1. 形态特征

多年生草本，具有粗壮坚韧的横走茎和匍匐茎，叶片质硬，扁平或内卷，上面具沟，无毛，长可达3厘米，宽1~2毫米，总状花序呈细柱形，小穗卵状披针形，黄褐色或略带紫褐色。

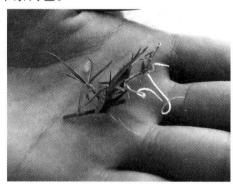

沟叶结缕草

2. 生态习性

沟叶结缕草的耐寒性介于日本结缕草和细叶结缕草之间，喜光不耐阴，在阳光充足环境下分枝多，叶窄而密，可形成良好的地毯状草坪。光照不足时分枝少，叶稀而宽，草层生长不均匀。其他生态适应性基本与细叶结缕草相同。

3. 培育特点

沟叶结缕草既可使用种子繁殖又可以进行营养繁殖。种子繁殖时春、秋均可播种。建设草坪可用草坪满铺法或草块散铺法。生产草皮可用草块散铺法和茎段散播法，散铺和散播茎段生产草皮在8月以前均可进行。

4. 使用特点

沟叶结缕草适应性广，是建设高质量草坪的优良草种，相比于细叶结缕草抗病性更强，生长更为低矮，叶片弹性和耐践踏性更强，质地比日本结缕草细，因而得到了广泛的应用。可用于建设高尔夫球场草坪，足球、网球等运动场草坪，各种观赏草坪，园林游憩草坪，水土保持草坪等。

（三）日本结缕草

1. 形态特征

多年生草本、深根性植物，茎叶密集，植株低矮、粗糙，具有坚韧的地下根状茎及地上匍匐枝，幼叶呈卷包形，成熟叶狭长披针形、革质，常被毛；总状花序穗状。

2. 生态习性

日本结缕草适应性强，喜光、抗旱、耐高温、耐瘠薄，耐寒性显著；在 $-30 \sim 20℃$ 能安全越冬，适宜生长温度 $20 \sim 25℃$，$36℃$ 以上生长缓慢或停止，极少出现夏枯状况，属于抗寒能力较强的品种。喜深厚肥沃、排水良好的沙质土壤，日本结缕草与杂草竞争的能力极强，具有耐践踏、病害较少等优点，但不耐阴。

3. 栽培特点

种子繁殖和分株繁殖均可，但一般采用无性繁殖方法进行草坪建植。种子繁殖时温度需在 $20℃$ 以上进行播种，$10 \sim 15$ 克/米^2，$10 \sim 20$ 天出苗，出苗期应保证土壤湿润，每天浇水 $1 \sim 2$ 次，从播种到成坪需约 2 个月。分株扦插，在其整个生长期内均可进行。也可将长 20 厘米、宽 20 厘米，厚 $5 \sim 6$ 厘米的草皮块，按 $2 \sim 3$ 厘米的间距铺设。

日本结缕草管理较粗放，在生长旺盛期，定期进行修剪，控制草层高度，保持草坪的外观一致性和抑制杂草。

4. 使用特点

日本结缕草贴地而生，植株低矮，且又坚韧耐磨、耐践踏，具有良好的弹性，可形成致密、整齐、优质的草坪，因而在园林、庭园和体育运动场地广为利用，是较理想的运动场草坪草和较好的固土护坡植物。

第五节　草坪与生态环境

草坪同其他植物一样，在生长过程中受到诸多因子的影响，也与周围环境有着密切的关系。它既受到周围环境条件的制约，也在一定程度上影响周围的环境。影响草坪草的各种生态环境因子称作生态因子，主要包括气候、土壤和生物 3 个方面，这些因子都会影响草坪的生长与景观效果。气候因子包括光照强弱、日照长短、光谱成分、温度、降水量及分布、空气湿度等；土壤因子包括土壤结构、水分、养分、土壤温度等；生物因子包括人类影响、植物因子、动物因子和微生物因子。

一、草坪与气候

气候是某一地区各气象要素长期的特征，即其平均状况和变异程度。草坪生长的气候环境主要由光、温度、水分、空气 4 大部分组成。它们是草坪草正常生长发育所不可缺少的环境条件。

（一）光

光对草坪草的生态作用是由光谱成分、光照强度、日照长度3方面构成的。光谱成分中的红光有利于碳水化合物的合成，能明显地促进茎、叶的伸长；蓝光则促进蛋白质和非碳水化合物的合成，具有矮化植物的效应，使茎变粗、叶变短。绝大部分草坪草为喜光植物，如果光照不足，草坪草的生长和发育将受到影响。当光照强度降低时，草坪草植株形态表现为叶片变薄，叶片宽度变小，叶片变长，单位面积叶的重量降低；密度降低，分蘖减少，茎节间伸长，茎变得细弱；出叶速度减慢，进行垂直生长。同时，抗病性减弱，容易感染病害，造成斑秃。日照长度主要是指每天太阳的可照时数，即白天的长短。日照长度对植物的影响主要表现在对植物从营养生长期到生殖生长期的时间有决定性作用。

（二）温度

温度是影响草坪草生长发育和分布的关键因素。温度的规律性或节奏性的变化以及极端温度的出现，都会对草坪草产生极大的影响。

1. 温度的三基点

植物的生长发育对温度的要求有最低温度、最适温度和最高温度之分，称为温度的三基点。在最低和最高温度下植物停止生长发育，但仍能维持生命。如果温度继续降低或升高，就会发生不同程度的危害直到死亡。暖季型草坪草生长的三基点温度高，耐热性好而抗寒性差，最适的生长温度为 $25 \sim 35\text{℃}$；冷季型草坪草生长的三基点温度低，耐热性差而抗寒性好，适宜的生长温度为 $15 \sim 25\text{℃}$，最低生长温度甚至达 4℃ 以下。

2. 温周期现象

温度对草坪草的生长影响，还表现为温周期现象。在自然环境中，温度处在不断变化之中，温度昼夜间有规律的变化称作温周期。昼夜温差大，有利于草坪草的物质积累，使得草坪草生长健壮，抗逆性好，草坪质量高。如果昼夜温差小，夜温很高，则有相当一部分日间的光合产物被夜间的呼吸作用所消耗，物质积累少，植株将变得弱小并容易感病。

（三）水分

水是植物生存非常重要的因子，草坪草的含水量可达其鲜重的 $65\% \sim 80\%$。各种草坪草的需水是不同的，同时环境的变化例如气温高、空气干燥、风速大，草坪草需水量就大。一般来说，草坪草生长 1 克干物质需 $500 \sim 700$ 克水，但在草坪的实际管理中消耗的水量远远大于上述数值。在草坪草中野牛草是较耐旱的草种，能够在年降水量300毫米左右的地区生长，而狗牙根则需要年降水量600毫米左右。由于草坪所处的土壤条件不同以及降水量在一年中的分布不同，一般来说，要保证草坪旺盛的生长，灌溉是必要的。

在某些情况下，水分过多也会对草坪造成危害，水分过多的原因有地表或地下排水不良、降水过多、灌溉过量、地下水位过高或者发生洪水等。随着水淹时间延长，草坪草的根系会窒息死亡。

常见草坪草的耐旱性

耐旱性	草坪草种
极强	野牛草、狗牙根、结缕草
强	硬羊茅、羊茅、高羊茅、紫羊茅
中等	草地早熟禾、小糠草、猫尾草、加拿大早熟禾
一般	多年生黑麦草、草地羊茅、钝叶草
弱	假俭草、地毯草、一年生黑麦草、普通早熟禾

（四）空气和大气污染

大气中除正常组分外，还含有二氧化硫、一氧化碳、硫化氢、氟化氢等有毒气体以及粉尘等。当它们的含量达到一定程度时，就会对人和生物造成危害，形成大气污染。大气污染之初，草坪可吸收和吸附污染物。污染物一旦超过草坪的自净能力，草坪草也会出现受害症状，直至死亡。

大气污染对草坪的危害，可以分为可见危害和不可见危害。可见危害是使草坪草产生特有的伤害症状。浓度高、毒性强的有害气体往往使草坪草短时间内（1～2天或更短）受害，叶片迅速出现伤斑，组织局部坏死，严重影响草坪草生长。而不可见危害是指草坪草接触低浓度的大气污染后，外表虽不表现症状，但内部生理机能受到影响，生长受抑。

二、草坪与土壤

土壤是由固体（无机体和有机体）、液体（土壤水分）和气体（土壤空气）组成的三相系统。土壤中各种组成成分以及它们之间的相互关系，都影响着土壤的性质和肥力，从而影响植物的生长。植物的生长发育需要土壤经常不断地供给一定数量的水分、养料、温度和空气，土壤及时满足植物对水、肥、气、热要求的能力，称为土壤肥力。肥沃的土壤是植物正常生长发育的基础。

（一）土壤质地

土壤质地是指大小不同的矿质颗粒在土壤组成中的比例，根据质地不同可把土壤分为 3 大类：沙土类、壤土类和黏土类。一般来说，沙质土和壤质土是建植草坪较理想的土壤质地。但是当我们考虑建植草坪选用何种土壤质地时，最重要的还要看草坪的用途和土壤所担负的功能。

（二）土壤水分

土壤水分是土壤的液相组成，土壤水分的数量是指一定量土壤中的水分含量，通常称为土壤含水量。表示方法最常见的是重量百分率，即土壤中所含水分的重量占绝对干土重的百分数。土壤水分的类型有以下几种：

1. 吸湿水

由土壤固体颗粒从大气或土壤空气中吸持的气态水，产生这种吸持作用的力是分子引力。吸湿水不能被植物所吸收。

2. 膜状水

由土壤固体颗粒分子引力吸持在吸湿水外围的连续液态水膜称为膜状水，植物可利用其外层的水。

3. 毛管水

由毛管引力保持在毛管孔隙中的水称为毛管水，毛管水是土壤所能保持的最理想的水分类型，可以完全被植物吸收。

4. 重力水

暂时存在于空气孔隙，不被土壤所吸持，在重力的作用下可向下渗漏的水称为重力水。重力水可为植物所利用，但长时间存留又不利于植物生长。

（三）土壤通气性

植物的根系生长需要一定的空气，土壤通气性影响到根系的生长。土壤的通气性好坏主要取决于土壤中大孔隙即通气孔的大小和数量。通气孔隙增大，或者说土壤太通气，并不会对根系生长直接造成不良影响。但如果土壤通气性不良，则会对根系生长产生直接或间接的影响。

（四）土壤酸度

土壤的酸度，一般用土壤 pH 值来表示。我国的土壤酸碱度分为 5 个等级：强酸性（pH 值 <5.0），酸性（pH 值 5.0～6.5），中性（pH 值 6.5～7.5），碱性（pH 值 7.5～8.5），强碱性（pH 值 >8.5）。大多数草坪草的适宜土壤酸碱度为弱酸性到中性（pH 值 5.0～7.5）。在草坪养护管理中可通过施用石灰、有机肥、化肥来调节土壤的酸碱度。

（五）土壤有机质

土壤有机质主要包括土壤中的各种动植物残体、微生物及其分解合成的物质，还有施入土壤中的有机肥料。草坪土壤中表层土壤的有机质含量通常较高。草坪草衰老的根、茎、叶以及修剪过程中留在土壤表层的草屑，经过土壤微生物的分解和部分分解，在土壤表层形成的大量的植物残留积累，构成了草坪土壤的枯草层。这些植物残体的元素组成主要包括碳、氢、氧、氮、磷、钾、钙、镁、硅以及铁、硼、锰、铜、锌、钼等微量元素。待枯草层分解后不仅可以为草坪草的生长提供丰富的营养元素，而且还利于土壤形成良好的结构，改善土壤通气性和持水性以及抗板结能力。

三、草坪与生物因子

草坪是一个小型但复杂的生态系统，草坪草的生长除了受气候、土壤等自然生态因子的影响外，还与周围的生物环境有着密切的关系。这些生物因子主要有动物、植物、微生物和人类活动等。在所有这些因素中，人类活动对草坪生态影响最大。

草坪群落中，还有其他一些植物种类，如树木、灌木、花卉、杂草等。草坪还是许多小型动物的栖息地，草坪中的动物种类如昆虫等比植物种类要丰富得多，草坪中还有大量的线虫、细菌、真菌、放线菌等微生物。这些生物以草坪为生活环境，相互作用，相互影响，相互竞争与共存，构成了草坪生态系统中的重要因素。

作为一种受到强烈人为干预的植被，草坪无疑受到人类活动的重要影响。人们通过修剪、灌溉、施肥、除杂草和病虫害防治等措施使草坪的外观和群落结构达到或维持人类所希望的状态。另外，人类活动对草坪质量也常有不良影响，最主要是践踏造成草坪草的磨损和土壤紧实，这些问题将在本书的草坪建植管理等各章节中详细讲述。

附：常见问题分析

1. 草坪、草坪草、草皮三者有什么区别与联系？

草坪：指多年生低矮草本植物在人工建植后经养护管理而形成的相对均匀、平整的草地植被。其目的是为了保护环境、美化环境，以及为人类休闲、游乐和体育活动提供优美舒适的场地。

草坪草：是指能够经受一定修剪，适用于建植草坪的草本植物。

草皮：当草坪被铲起用来移栽时，称为草皮。

三者的区别与联系：草坪草是构成草坪的植物群落；草皮是草坪的营养繁殖材料；草坪是一个小型的生态系统。

2. 生产中常用的优良草坪草有哪些？

（1）高羊茅　属冷季型草坪，该草坪丛生型，分蘖性强，具有极好的耐热性和抗病性；适应性强，盛夏不休眠，是上海及华东地区唯一四季常绿的草坪。该草坪 1993 年从美国引进并推广，现已作为上海及华东地区的当家草坪品种之一，广泛应用于广场、公园、公共绿地、道路、住宅区、足球场、高尔夫球场等。

（2）矮生百慕大　狗牙根属，是普通狗牙根和非洲狗牙根的杂交品种。该品种适应性广，生长势强，成坪快，草矮、密集，耐盐碱，最突出的优点是耐低矮修剪，是南方地区最好的高尔夫果岭用草种之一，也适用于公共绿地、运动场、高速公路等。用多年生黑麦草冬季补播可使矮生百慕大草坪一年四季常绿。

（3）马尼拉草　属暖季型草坪，该草坪叶片纤细，叶色翠绿，枝叶密集细腻，耐践踏，草感好，有弹性；适应性广，抗病性强，养护管理粗放，是南方地区最常用的草坪品种之一。广泛应用于公共绿地、道路、住宅区、工厂、高速公路、高尔夫球场等。

（4）日本结缕草　属暖季型草坪，该草坪根系发达，具有强健的匍匐茎，叶片坚韧富有弹性，耐践踏；其抗旱性、耐寒性极强，养护管理粗放，是足球场地最佳的草坪草，我国的足球场大多采用该品种。广泛应用于广场、公共绿地、足球场、高尔夫球场障碍区、高速公路、水土保持等。

（5）上海结缕草 JD－1　为禾本科结缕草属，与同属的日本结缕草相比，其突出的优点有耐践踏、绿色期长、草层致密、叶片纤细、耐粗放管理和基本不施农药。该草坪是应用于开放绿地的最佳草坪品种，此外，也可应用于运动场、机场和护坡等。

（6）夏威夷草　又称海滨雀稗，是多年生暖季型禾草，无性繁殖，具有匍匐茎和根茎。耐低修剪，该品种为最耐盐的草坪品种，能忍受海水灌溉。现已成为足球场、高尔夫球场的球道区、发球台区的首选草坪之一，并已广泛应用于各类绿化区域，特别是在一些海滨城市的绿化区已得到了大量的应用。

（7）Tifway419　禾本科，狗牙根属，多年生草本植物。植株密度大，抗虫，抗杂草，耐寒、春季返青早，低温保绿期长，耐低修剪。多用于庭院草坪、高尔夫球场的球道区、公园以及公共绿地等。

（8）匍匐剪股颖　禾本科，结缕草属，属冷季型草坪，又名四季青、本特草。该草坪具有相当发达的地下根状茎和匍匐茎，故无论是种子直播建坪还是草坪铺砌都成坪很快，但其耐热性、耐寒性略差于高羊茅草坪。该草坪最突出的优点是耐低矮修剪，故是高尔夫球场果岭草最好的品种之一，被广泛应用于高尔夫球场果岭球道、足球场、保龄球场等运动场的绿化。

复习思考题

1. 什么是草坪？草坪的主要作用是什么？
2. 如何对草坪进行分类？

3. 简述草坪生长与气候因子的关系。

4. 结合本地区实际，例举冷季型草坪草和暖季型草坪草各 5 种，并分别说明各自的形态特征。

第二章　草坪建植

【知识目标】

1. 了解各类草坪建植中的场地准备知识。
2. 了解草坪草种的选择方法。

【技能目标】

1. 会做草坪建植前的坪床准备工作。
2. 能根据不同的环境条件和要求选择适宜的草坪草种及品种。
3. 能熟练运用播种法、铺植法等多种草坪建植方法进行草坪建植，并解决在草坪建植中出现的实际问题。
4. 能进行新建草坪的植后管理。

第一节　场地准备

建坪的成败在很大程度上取决于建坪地的场地准备。场地准备是任何种植方式都要经历的一个重要环节。坪地土壤是草坪草根系、根茎、匍匐茎生长的环境，土壤结构和质地的好坏直接关系到草坪草生长和草坪的使用。

一、场地调查

在建植草坪前应做简单的场地调查，以确定建坪位置及是否适合建植草坪。场地调查的内容主要包括场地的位置、水源状况、交通状况、土壤状况等几方面。

（一）场地的位置

场地所处位置的地形、地貌、海拔、年平均气温、温度高低、年降水量以及霜期长短等。这些情况的掌握直接关系到规划和设计，也关系到建植草坪草种的选择。

（二）场地的水源状况

水是草坪植物赖以生存的重要源泉，除了天然降雨之外，必须了解人工水源的性质，水源离场地的远近，以及水源供水是否及时充足。

（三）场地的交通状况

是指交通是否方便，包括离公路有多远，场地与公路有无道路连接等。方便的交通会给草坪建植、建植后的管理，以及成坪草坪的出售工作带来极大的便利。

（四）场地的土壤状况

土壤是草坪植物赖以生长的基础，其质地的好坏直接关系到草坪的质量，所以在建植前一定要对所处地块的土壤进行调查，测量土壤是否适宜建植草坪草，以及适宜何种的草坪草。建植草坪对土壤的基本要求有以下几点：

第一，不能有岩石露出，耕作层也不能有大石块、树桩、树根、瓦砾、碎玻璃、混凝土残渣、塑料袋、薄膜等。

第二，草坪草根系穿透力弱，要求土壤有良好的物理性状。土壤表层疏松，土粒大小比例适中，通气透水性好，不易板结。地下水位不宜过高，否则排水不良，通气不好都会影响草坪草生长。

第三，草坪土壤要有利于土壤微生物的生长繁殖，有机质、腐殖质含量要多，有害的化学物质含量要少。土壤 pH 值过高过低及农药污染都不宜作草坪土壤。

第四，黏土或沙土都不适宜作草坪土壤，一般以沙壤土为好。若土壤黏性大，常使用沙或煤灰渣改良土壤；若土壤含沙量大，应适当掺和部分黏土和增施有机肥料。

二、场地清理

场地清理是指清理或减少建坪场地内影响草坪建植和草坪草生长的障碍物的过程，大体包括以下内容：

（一）木本植物的清理

木本植物包括乔木和灌木以及倒木、树桩、树根等。倒木、腐木、树桩、树根要连根清除，以免残体腐烂后形成洼地破坏草坪的一致性，也可防止病菌等滋生；生长的木本植物根据设计要求，决定去留及移植方案，能起景观作用的或古树尽量保留，此外一律铲除。

（二）岩石、巨砾、建筑垃圾、生活垃圾及农业污染物的清理

1. 岩石、巨砾

清除地表 20 厘米层内的岩石和石头块。根据设计要求，对有观赏价值的可留作布景，其余一律清除或深埋 60 厘米以下，并用土填平，否则易形成养分供应不均匀的现象。

2. 建筑垃圾

指块石、石子、砖瓦及其碎片、水泥、石灰、泡沫、薄膜、塑料制品、建筑机械留下的油污等。这些垃圾都要彻底清除或深埋 60 厘米以下。

3. 生活垃圾及农业污染物

油污药污可导致土壤一至多年寸草不生，最有效的办法是换土，并将污染土深埋到植物根系以下的土层。农用薄膜、塑料泡沫、化肥袋子等塑料制品不易风化，能长期与土壤共存，严重影响草坪草根系的生长，因此，必须清理出去并送废品站。

（三）建坪前杂草的防除

蔓延性多年生杂草，特别是禾草和莎草，能引起新草坪的严重污染。残留的营养繁殖体（根状茎、匍匐枝、块茎）也将再度萌生，形成新的杂草侵染。杂草防除有物理方法与化学方法两种。

1. 物理防除

指用人工或土壤耕翻机具清除杂草的方法。在秋冬季节，杂草种子已经成熟，可采用收割贮藏的方法用作牧草，或用火烧消灭杂草；在杂草生长季节且尚未结籽，可采用人工、机械翻挖用作绿肥；休闲空地，通常采用休闲诱导法防除杂草

（指夏季坪床不种植任何植物时定期进行耙锄作业，清除杂草营养器官）。

2. 化学防除

指用化学除草剂杀灭杂草的方法。选用高效、低毒、残效期短的灭生性（内吸或触杀型）除草剂。对于休闲期较短的欲建坪地，应先整地，然后浇水诱导杂草生长，待杂草长到高 5~8 厘米并在播种前或铺植前 15~20 天时施用内吸型除草剂（如草甘膦），7~8 天一二年生杂草死亡，多年生杂草将除草剂吸收，一段时间后渐死。实践证明，这样的操作对播种法或铺植法建植的草坪都没有影响。对于急需种草的欲建坪地，杂草丛生，物理防除达不到预期效果，并影响整地质量，可采用触杀型（如百草枯）除草剂防除，喷药后 1~3 天杂草基本枯死，此法仅对一二年生杂草有效。

三、坪床地形的整理

（一）挖方与填方

欲建坪地经常是坑坑洼洼，有的地方缺土，有的地方土方过剩，应按设计要求进行挖方和填方。填方应考虑填土的沉降问题，细土通常下沉 15%（每米下沉 12~15 厘米），要逐层镇压。

（二）整理坡度

草坪不能积水，因此要注意利用地形排水。表面地形排水的适宜坡度约为 2%，坡度太大时隔一定距离要加一道挡土墙，建立局部相对平坦的坪床。在建筑物附近坡向应是远离（背向）房屋的方向；如房屋四周有排水沟，坡向也可面向房屋的方向。

为了使地表水顺利排出场地中心，开放式的广场、体育场草坪应设计成中间高、四周低的地形，以便向四周排水。高尔夫球场的果岭、发球区以及球道也应多个方向向障碍区倾斜。坡度的整理应与挖方填方同时进行。

四、土壤处理

理想的草坪土壤应土层深厚、疏松、透气、肥沃、平整、排水良好，有较好的保肥、抗旱能力，pH 值为 5.5~6.6，不含有害物质及病菌虫卵，为草坪草生长发育创造良好的土地条件。但现实中的建坪地土壤并非都是这样理想的，所以一般在建坪前需对坪床土壤进行相应的改良与处理。

（一）改良土壤质地

草坪土壤质地应是土层深厚，肥沃疏松，排水良好，结构适中的。但欲建坪地不一定能达到这样的要求，所以不符合要求的土壤质地就需要进行改良。目前生产上通常使用泥炭、锯屑、农糠（稻壳、麦壳）、碎秸秆、处理过的垃圾、煤渣灰、人畜粪肥等进行改良，效果较好。泥炭的施用量约为覆盖草坪地 5 厘米或 5 千克/米² 左右；锯屑、农糠、秸秆、煤渣灰等约覆盖草坪地 3～5 厘米。这些物质要经旋耕拌和于土壤中，并使土壤质地改良的深度达 25～35 厘米，最少也要达 15～20 厘米，以使土壤疏松，肥力提高。

（二）排洗土壤盐碱

盐碱土是土壤盐渍化的结果。盐碱土因可溶性物质多，影响草坪草吸水吸肥，甚至产生毒害。在盐碱土上建植草坪，除种植一些耐盐碱的草坪草品种（如高羊茅、结缕草、白三叶草、碱茅等）外，都应进行改良。盐碱土改良的主要措施是排碱洗盐和增施有机肥料。对小型坪地，应四周开挖淋洗沟（使水能流走），经浇水（淡水）淋洗，使盐分渐少，这样处理一个生长季后，草坪草就基本能适应。在排碱洗盐的同时结合施用有机肥效果更好，畜粪、泥炭等有机肥都具有很强的缓冲土壤盐碱的作用。

（三）调节土壤酸碱度

几乎所有的草坪草都适宜在弱酸—中性—微碱性（pH 值 6～8）的土壤上生长。我国南方一些地区土壤偏酸，pH 值常在 5.8 以下，北方或沿海一些地区偏碱，pH 值常在 8.0 以上。在建坪前要对过酸过碱的土壤进行改良。过酸的土壤常用"农业石灰石"粉（碳酸钙粉）来调节，使用时石灰粉越细越好，以增加土壤的离子交换强度，达到调节土壤 pH 值的目的。过碱的土壤常用石膏、硫黄或明矾来调节。硫黄经土壤中硫细菌的作用氧化生成硫酸，明矾（硫酸铝钾）在土中水解也产生硫酸，都能起到中和碱性土壤的效果。种植绿肥、临时草坪、增施有机肥等方法对改良土壤酸碱度也有明显效果。

常见草坪草适宜的土壤酸碱度

草种	pH 值	草种	pH 值
结缕草	4.5～7.5	剪股颖	5.3～7.5
狗牙根	5.2～7.0	早熟禾	6.0～7.5
假俭草	4.5～6.0	黑麦草	5.5～8.0
地毯草	4.7～7.0	羊茅、紫羊茅	5.3～7.5
纯叶草	6.0～7.0	苇状羊茅	5.5～7.0
巴哈雀麦	5.0～6.5	冰草	6.0～8.5

（四）施足基肥

草坪要保持持久的草坪景观，必须施足基肥。基肥以有机肥为主，化肥为辅。增施有机肥是一项对任何土壤都行之有效的改良措施。有机肥主要包括农家肥（如厩肥、堆肥、沤肥等）、植物性肥料（油饼、绿肥、泥炭等）、处理过的垃圾等。有机肥因肥效慢、稳、长，属长效肥，故宜作基肥。有机肥要一般结合耕旋深施 20～30 厘米，具体用量视土壤肥力定，一般农家肥 40～50 吨/公顷（3 700～4 400 千克/亩）。由于有机肥是迟效肥，基肥还应配合速效肥，以氮、磷、钾三元复合肥为主，施肥料有效量一般为 50～150 克/米^2。

（五）土壤消毒

草坪土壤消毒即把农药施入土壤中，杀灭土壤病菌、害虫、杂草种子、营养繁殖体、致病有机体、线虫等的过程，包括土壤熏蒸处理与土壤喷雾处理两种方法。

建植草坪常用的消毒剂为硫酸亚铁溶液。播种前进行喷洒，用浓度为 1%～3% 的溶液，用药量为 20～30 克/米^2。也可用浓度为 40% 的福尔马林加水 200 倍配成溶液喷洒，用药量为 150 克/米^2 左右。这两种药剂能消灭土壤中的病原菌，对于防治草坪草病害有良好的效果。但使用时要注意，不可在用药后马上进行覆盖或翻入土里，应有一段时间的挥发阶段，以免产生药害。

还可用浓度为 5% 的硫磷颗粒剂与基肥混拌后施入土中，既可起到消毒作用，又能杀死肥料中的蝼蛄、地老虎等有害虫卵和幼虫。每吨基肥可混入 0.25 千克药剂。另外也可用硫酰氟、溴甲烷、棉隆等熏蒸剂熏杀或用棉隆、克百威等进行喷雾消毒。具体使用时严格按说明书要求操作。

（六）应用保水剂

锯屑、农糠等可起到保水作用。近年我国已研制出专用的土壤保水剂，其是一种高分子物质，吸水量是自身重的几千倍以上且不易蒸发，可供植物根系长期吸收。保水剂用量一般为 5 克/米^2 左右。对一些严重缺水地区及特殊的场所（如墙壁花台等不易浇水处）有特殊的作用。

（七）换土（客土）

换土就是将耕作层的原土用新土全部更换。坪址中若发现下列情况之一时应考虑换土（客土）：

第一，所选坪址没有或基本没有土壤；第二，坪址原土壤的土层太薄，不能保证草坪草正常生长发育；第三，坪址原土壤有难以改良的因素，如含有大量的石块、石砾，筛除后余土很少且杂草丛生或过酸过碱等；第四，坪址地势太低或地下水位常年过高，又无法排除；第五，坪址土壤虽可改良，但经济上不合算或后续工作不能等待等。

客土（换土）厚度不得少于30厘米，应以肥沃的壤土或沙壤土为主。为了保证所换土壤的有效厚度，通常应增加15%的土量，并逐层镇压。

客土质量指标

项目	质量标准
土壤质地	沙壤土、壤土等，不易板结
有效水	有效水分保持量应大于80升/秒
透水性	透水性好，透水系数大于4~10厘米/秒
pH值	5.5~8
有机质	富含有机质，有机质含量50克/千克以上
水溶性盐含量	4克/千克以下

五、土壤耕作

耕作目的在于改善土壤通透性，提高持水能力，减少根系扎入土壤的阻力，增强抗侵蚀和践踏的表面稳定性。

（一）适耕时间

翻耕作业最好在秋季和冬季较干燥时进行，使翻转的土壤在冷冻作用下碎裂，利于有机质分解。

（二）耕作措施

主要包括翻耕、旋、平等工序。

1. **翻耕**

翻耕是利用机械动力牵引，用犁将土壤翻转的过程。翻耕作业最好在秋季和冬季较干燥时进行。

2. **旋耕**

多用机械完成，分深旋和浅旋。

（1）深旋 土壤经耕翻后，土面起伏不平，耕层内空隙大而多，土壤松紧不一，因此晒垡和冻垡后要旋耕。常用机械是旋耕机，动力是手扶拖拉机或大型拖拉机。旋耕的作用是破垡并使肥土拌和，清除表土杂物，疏松土层。旋耕的深度、次数与耕作深度和破垡质量成正比。

（2）浅旋 土壤旋耕后土壤颗粒仍较大，平整度不够，需进一步浅旋。常用的机械是免耕机。它的特点是刀片短、密且转速快，能将表土进一步细化，肥土拌和均匀。

3. 平整滚压

（1）平整　是整地的最后一道工序。平整的标准是平、细、实，即地面平整，土块细碎，上虚下实。平整往往要结合挖方与填方、坡度整理同时进行。坪地经挖方和填方、坡度整理、土壤耕旋后土表留有机械轮槽、旋刀沟和小起伏，需人工耙平或机械刮平。平整前要捡去石块、砖块、杂草等。小面积坪地常人工平整，常用人工平整工具为楼耙（短钉齿耙）、多钉齿耙等；大面积坪地需用刮平机械、板条大耙等进行平整。平整要坚持的原则是"小平大不平"，即除了草坪地设计中的起伏和应有的坡度外，尽量做到平整一致。

（2）滚压　是指用镇压器压平压碎表土，使一定深度的表土紧密，减少气态水的损失。其根本目的是为了促进草坪草正常生长，保证草坪持久平坦，避免场地下沉积水，避免影响草坪的观赏价值。

具体操作是在完成翻耕、施基肥、平整之后，根据土壤松软程度和湿度以及不同草种等情况，选用 100 千克、200 千克、500 千克重的镇压器进行 1～2 次的滚压，使场地更加平整。

六、建排灌系统

当新的场地基础平整好后，就可以配置排灌系统。灌溉设施主要是供给草坪的水分，排水系统则是排走多余的水分。二者相互配合，才能给草坪提供一个良好的气、水环境。

（一）草坪排水

排水对大部分土壤均有良好作用。主要表现在：排干过多的水分；改善土壤通气性；充分供给草坪草养料；利于草坪草根向深层扩展；夏季深层根系能获得更多的水分；可扩大运动场草坪的使用范围；早春使土壤升温快等。

草坪排水包括地表排水和地下排水两种类型。

1. 地表排水方法

地表排水包括自然排水和挖沟排水两种方法。

2. 地下排水方法

目的是排除土壤深层过多的水分。此方法一般用于足球场和高尔夫球场等对于草坪外观要求较高的地方。草坪地下排水较地表排水复杂，可以请专业的园林设施公司根据不同的需求进行安装。

（二）草坪喷灌

草坪灌溉和场地排水一样，直接关系到草坪管理的好坏，所以场地规划时必须根据水源条件和建坪单位的经济实力来决定喷灌系统。目前喷灌系统中常用的有移动式、固定式和半固定式3种喷灌方法。

1. **移动式喷灌**

这种系统要求喷灌区有天然水源，如池塘、河流等，其动力水泵、干管、支管是可移动的。这种喷灌方式由于不需要埋设管道，所以机动性大，使用方便灵活。

2. **固定式喷灌**

这种系统有固定的泵站，干管和支管均埋于地下，喷头可固定于支管上，也可临时安装。还有一种较先进的固定喷头，不用时可藏于地表以下，使用时只需要把阀门打开，利用水的压力使喷头顶升到一定高度进行喷洒，工作完毕后关上阀门，喷头又自动缩到地里。这种喷头具有操作方便，不妨碍地面活动，不妨碍观赏等优点。

草坪固定式喷灌

高尔夫球场草坪喷灌系统

3. 半固定式喷灌

其泵站和干管固定，支管可移动。其优点介于上述两种喷灌方式之间，适宜大面积草坪使用。

第二节 草种选择

选择适合当地气候、土壤条件的草坪草种，是建坪成败的前提条件。根据建坪条件和草坪功能，选择何种草坪草种及其用量，是采用单一草种还是多种草种混播，这些都必须提前规划，才能避免返工的情况发生。

一、草坪草种的选择依据

（一）依据草坪草生态型选择

草坪草生态型包括气候生态型、土壤生态型和生物生态型3个方面。

1. 气候生态型

是草坪草长期适应不同的光周期、气温和降水等气候因子而形成的各种生态型。

2. 土壤生态型

在不同的土壤水分、温度、肥力、酸碱度和盐渍的自然或栽培条件下，可形成不同的生态型。

3. 生物生态型

草坪草的不同个体群，生长在不同的生物条件或人工诱导条件下，会分化形成不同的生态型。

（二）依据草坪草植物学性状选择

植物学性状主要有种子（或种茎）萌芽特性，出叶速度和叶的质地、色泽、寿命，分枝（分蘖）能力和蔓生程度，草坪的高度、密度、刚性、发根量等。各种草坪草的植物学性状不尽相同，这就决定了它们有着不同的作用和功能。

第一，种子或种茎萌芽的特性是与草坪繁殖方法相关的一个重要特性；第二，出叶速度和叶的质地、色泽、寿命均是选择草坪草的一项外观指标；第三，分枝（蘖）能力是草坪草繁殖力和成坪速度的重要指标，而且对草坪的质量，日常管理之难易，草坪受损后恢复能力等都有明显的影响；第四，草坪草的高度、密度、刚性也是草坪使用的重要性状。

（三）依据草坪用途选择

不同的草坪草，有着不同的生态类型和不同的植物学性状，进而有着不同的栽培条件、作用和功能，不同利用目的草坪对草坪草有不同的要求。如用于水土保持的草坪，要求草坪草速生，根系发达，能快速覆盖地面，以防止土壤流失，同时还要粗放管理，可选择根系发达、匍匐生长、适应性强的结缕草、狗牙根等。运动场草坪草则要求有耐低修剪、耐践踏和再生能力强的特点，可选择耐践踏狗牙根、中华结缕草、高羊茅、草地早熟禾、黑麦草等。观赏性草坪则选择质地细腻、色泽明快、绿期长等观赏效果好的细叶结缕草、沟叶结缕草、细弱剪股颖、马蹄金等。高尔夫球场果岭必须选择能适应 5 毫米以下的修剪高度的草种，因此，在我国北方通常选用匍匐剪股颖，而南方则选用杂交狗牙根来建植果岭。

（四）依据管理水平选择

管理水平包括技术水平、设备条件和经济水平等 3 个方面。许多草坪草在修剪低矮时需要较高的管理技术，同时需要用较高级的管理设备。建坪应该考虑到造价和养护管理的费用，要以经济适用为原则，如果没有较强的经济实力和管护能力，应选择普通草种和具有耐粗放管理特点的草种，否则，不但增加负担，而且不能达到应有的草坪效果。另外，可根据草坪草的生长特点，通过草种选择降低管护强度，如剪股颖、狗牙根等草种低矮的生长特性可以适当减少修剪次数，从而降低管护强度。

二、草坪草种的选择方法

（一）经验法

调查当地常用的建坪品种，根据其适应性和坪用性表现，选择适宜的草坪草种和品种。

（二）试验法

在建坪前选择大致适应的草坪草种和品种，进行小面积引种试验，经一个生长周期后，根据其表现进行选择。

（三）引种区域化法

以地理位置和气候带为主要依据确定试验区域，在每个区域内设置引种试验区，经一个生长周期后，根据其表现进行选择。

（四）温度曲线拟合法

在直角坐标系中标出欲选草种适宜的温度范围，再描出建坪地一年内的月均温曲线，当该曲线落入欲选草种适宜的温度范围时则可行，反之不行。

三、草种组合方法

（一）单播

草坪由一种草坪草种组成即为单播。其优点是能获得最高的纯度和一致性，造就美丽、均一的草坪外观。其缺点是遗传背景单一，适应能力较差，养护管理要求高。

（二）混播

根据草坪的使用目的、环境条件及草坪养护水平选择两种或两种以上的草种或同一种类的不同品种混合播种，建成一个多元群体的草坪植物群落即为混播。

混播包括种内混播和种外混播两种类型。种内混播指由同一类草种的两个或两个以上，竞争力相当，寿命相仿，性状互补的品种组成的草坪。种外混播指由两个或两个以上的不同种类的草坪草组成的草坪，即把一、二年生或短期多年生草种和长期多年生草种混合种植。

混播草种依其特性及其在草坪中的作用分为建群种、伴生种、保护种三种类型。建群种即体现草坪功能和适应能力的草种，通常在群落中的比重在50%以上。伴生种是草坪群体中第二重要的草种，当建群种生长受到环境障碍影响时，由它们来维持和体现草坪的功能和对不良环境的适应，其比重在30%左右。保护种一般是发芽迅速、成坪快、少年生的草种。在群落组合中充分发挥先期生长优势，在草坪组合中为生长缓慢和柔弱的主要草种遮阴及抑制杂草，起先锋和保护作用。

1. 混播草坪草的选择原则

（1）目的性　选择在特定区域已表现出能抗最主要病害的品种。

（2）兼容性　确保所选择的品种在外观（色泽、质地、均一性）、竞争力（生长速度）方面基本相似。

（3）生物学一致性　混播草坪的生态习性（生长速度、扩繁方式、分生能力）基本相同。

（4）主导性　确定应该以何种草坪草为主。如对发芽难、管理难的主导草坪草种（早熟禾）用少量黑麦草混播，先出苗，起保护作用，而最终成坪要以主导草坪草种占主要比例。混播常用于根茎不发达的草种，所以混播时，混合草种包含主要草种和保护草种。

2. 草坪混播实践中应注意的问题

（1）早熟禾与黑麦草混播 黑麦草不宜超过20%，同时低修剪（2.5厘米以下）以利早熟禾正常生长。

（2）紫羊茅与黑麦草或早熟禾 紫羊茅耐阴，在无遮阴的场地不宜混播。

（3）剪股颖与其他草坪草混播 易产生斑块。

（4）暖季型草坪草与冷季型草坪草混播 一般较难，混播要求较高技术。

（5）暖季型草之间不宜混播 如马尼拉草、结缕草、狗牙根不宜混播。

3. 草坪混播组合举例

在使用时应根据立地条件等因素综合考虑。

草坪混播组合举例

草坪种类	常用混播组合	备注
酸性土壤草坪	以剪股颖类或紫羊茅为主要草种，以小糠草或多年生黑麦草为保护草种	不宜混入早熟禾类及三叶草类
碱性及中性土壤草坪	以小糠草和黑麦草为保护草种，草地早熟禾混播	
庭园草坪	草地早熟禾（占80%）与匍匐剪股颖（占20%）混播或草地早熟禾＋紫羊茅＋多年生黑麦草	草地早熟禾为主要草种，单播时生长慢，易为杂草所侵占，匍匐剪股颖及多年生黑麦草主要是起迅速覆盖的保护作用，为保护草种
滚木球草坪	细羊茅（70%）＋小糠草（30%）；细羊茅（50%）＋紫羊茅（20%）＋小糠草（30%）	是高质量草坪，一般需要两种或两种以上的草坪草
观赏草坪	细羊茅（45%）＋紫羊茅（35%）＋早熟禾（10%）＋小糠草（10%）；羊茅（40%）＋紫羊茅（30%）＋细羊茅（20%）＋小糠草（10%）；多年生黑麦草（30%）＋紫羊茅（30%）＋细羊茅（25%）＋小糠草（15%）	
运动场草坪	细羊茅（75%）＋小糠草（10%）＋沙生狗尾草（15%）；细羊茅（45%）＋多年生黑麦草（40%）＋小糠草（15%）；细羊茅（60%）＋小糠草（20%）＋沙生狗尾草（20%）。冬季运动场要求的混合比例有：多年生黑麦草（50%）＋紫羊茅（25%）＋细羊茅（15%）＋猫尾草（10%）；多年生黑麦草（30%）＋紫羊茅（30%）＋细羊茅（20%）＋小糠草（10%）＋沙生狗尾草（5%）＋早熟禾（5%）	必须具有强的生命力和高的生长速度，耐践踏，有发达的根系，耐修剪

第三节　建植方法

草坪建植是指用有性（种子）和无性（营养）繁殖的方法人工建立草坪的过程。有性（种子）繁殖的方法包括播种法、植生带铺植法、喷播法；无性（营养）繁殖的方法包括播茎法、（草皮、草块）铺植法。

选择哪种建植方法要依费用、时间要求、现有草坪建植材料及其草坪草的生长特性而定。

种子建坪法与营养体建坪法的比较

建植方式	优点	缺点
播种	成本低，可选择余地大，建坪初期草坪很美观	成坪速度慢，初期养护管理强度高。灌溉，杂草等
营养体	建坪迅速，养护管理强度小，需水量小，与杂草竞争力强	费用高，有潜在枯草，土壤差别，土传病虫害，可选余地小

一、种子建植草坪法

即用种子直接播种建立草坪的方法。大多数冷季型草坪草均可用种子直播法建坪，暖季型草坪草中的假俭草、美洲雀稗、地毯草、野牛草、普通狗牙根和结缕草亦可用种子建坪。

（一）播种时间

单就播期来说，暖季型草坪草必须在春末和夏初播种，冷季型草坪草一年四季均可进行播种，但最好在秋季和春季播种。但在生产上必须抓住播种适期（主要考虑播种时的温度和播后 $2\sim3$ 个月内的温度状况），以利种子萌发、提高成苗率和保证幼苗有足够的生育时间，能正常越冬越夏并抑制苗期杂草的危害。

（二）播种量

播种量取决于种子质量、混合组成、土壤状态以及工程要求（特殊情况下，为了加快成坪速度可加大播种量）。种量过小会降低成坪速度和增大管理难度；种量过大、过厚，会促使真菌病害的发生，也会增加建坪成本和造成浪费。从理论上讲，每平方厘米有一株成活苗就行了。确定播种量的最终标准是以足够数量的活种子确保单位面积上幼苗的额定株数，即 1 万 ~2 万株/米^2 幼苗。

影响播量的因素还有播种幼苗的活力和生长习性、希望定植的植株量、种子的成本、预期杂草的竞争力、病虫害的可能性、定植草坪草的培育强度等。实际播种量远远高出理论量。

几种常见草坪种子参考单播量及种子发芽适宜的温度范围

草种	正常播种量（克/米²）	加大播种量（克/米²）	适宜范围（℃）
普通狗牙根（不去壳）	4～6	8～10	20～35
普通狗牙根（去壳）	3～5	7～8	20～35
中华结缕草	5～7	8～10	20～35
草地早熟禾	6～8	10～13	15～30
普通早熟禾	6～8	10～13	20～30
紫羊茅	15～20	25～30	15～20
多年生黑麦草	30～35	40～45	20～30
高羊茅	30～35	40～45	20～30
剪股颖	4～6	8	15～30
一年生黑麦草	25～30	30～40	20～30

（三）播种方法

播种方法包括人工（或机械）播种、喷播、植生带等。

1. 人工（或机械）播种

（1）人工撒播（平播、条播）　应用较多，但要求工人播种技术较高，否则很难达到播种均匀一致的要求。优点是灵活，尤其在有乔木、灌木等障碍物的位置、坡地及狭长和小面积建植地上适用，缺点是播种不易均匀，用种量不易控制，有时造成种子浪费。

人工撒播大致分5步：第一，把欲建坪地划分成若干等面积的块（1平方米）或条（每2～3米一条）；第二，把种子相应地分成若干份；第三，把一份种子均匀地撒播在一小块中。种子细小可掺细沙、细土撒播。播种可按一定顺序进行，并播2～3个来回以确保种子分布均匀；第四，用竹丝扫帚轻捣、轻拍。若盖土，土也要分成若干份撒盖；第五，轻压，压力视土壤硬度而定，忌土壤含水量高时镇压。

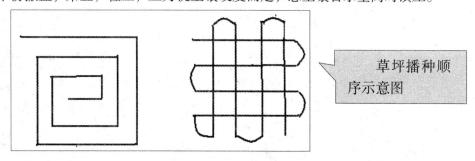

草坪播种顺序示意图

人工播种法

（2）机械播种　当草坪建植面积较大时，尤其是运动场草坪的建植，适宜用机械播种。其最大特点是容易控制播种量、播种均匀，不足之处是不够灵活，小面积播种不适用。机械播种大致分以下几步：

第一，使用播种机械将种子播撒在坪地上。

第二，盖籽，使种子与土壤充分结合，增加种子吸水面积，避免阳光直晒而灼伤。措施：①土壤结构较好的地区，播种后经浇水可达到自然盖籽的效果；②沙土地区，土质细，播种后种子基本外露，要用滚子适当轻压兼初步盖籽，再浇适量水后（以湿润土表 1~2 厘米为宜）用九齿耙、小钉耙单向轻搂，将起到很好的盖籽作用；③黏土地或土壤质地差、孔隙度大的坪床，播种后不宜搂土盖籽，以免产生深籽，应覆一层无病、虫、草害的细土或细沙以达到盖籽的目的。

第三，镇压，使松土紧实，提高土壤墒情，促进种子发芽和生根。在土质较细尤其是北方地区或沙土地区，播种后浇水前即镇压，兼起盖籽作用。镇压可用人力推动重辊或用机械进行。辊可做成空心状，可装水或沙以调节重量。重量一般为 60~200 千克。

第四，覆盖，目的是稳定土壤中的种子，防止暴雨或浇灌的冲刷，避免地表板结和径流，使土壤保持较高的渗透性；抗风蚀；调节坪床地表温度，夏天防止幼苗暴晒，冬天增加坪床温度，促进发芽；保持土壤水分；促进生长，提前成坪。覆盖在护坡和反季节播种及北方地区尤为重要。

覆盖材料可用专门生产的地膜、无纺布、遮阳网、草帘、草袋等，也可就地取材，用农作物秸秆、树叶、刨花、锯末等。一般地膜用在冬季或秋季温度较低时。无纺布、遮阳网多用于坡地绿化，既起覆盖作用，又起固定作用。农作物秸秆覆盖后要有竹竿压实或用绳子固定，以免被风吹走。北方多用草帘、草袋覆盖。

一般早春、晚秋后低温播种时覆盖，以提高土壤温度。早春覆盖待温度回升后，幼苗分蘖分枝时揭膜。秋冬覆盖，持续低温可不揭膜，若幼苗生长健壮并具有抗寒能力可揭膜。夏季覆盖（如北方地区）主要起降温保水等作用，待幼苗能自养生长时必须揭去覆盖物，以免影响光合作用，但不宜过早，以免高温回芽。

2. 喷播

喷播法建植草坪是一种播种建植草坪的新方法，是以水为载体将草坪草种子、生长素、土壤改良剂、复合肥等成分通过专用设备喷洒在地表而生成草坪，达到绿化美化效果的一种草坪建植方式。

喷播法主要适用于公路、铁路的路基斜坡、大坝护坡及高速公路两侧的隔离带和护坡进行绿化，也可用于高尔夫球场、机场建设等大型草坪的建植。这些地方地表粗糙，不便人工整地或机械整地，常规种植法不能达到理想的效果。喷播材料喷播到坪床后不会流动，干后比较牢固，能达到防止冲刷的目的，又能满足植物种子萌发所需要的水分和养分。但播后遇干旱、大雨，都会遭受很大损失，且播种方法比较粗放，要运用得当，尽量避免损失。

喷播法及所用设备

3. 植生带

指把草坪草种子均匀固定在两层无纺布或纸布之间形成的草坪建植材料，是一种新型的城市绿化材料。

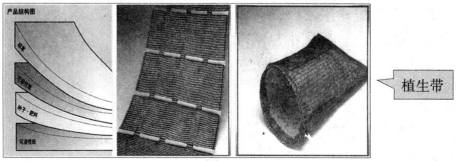

植生带

植生带主要特点

优点：

（1）植生带可在各种土壤上铺置，在比较复杂的地形上也可利用它作为草坪材料，因此有广泛的适用性。

（2）只要草坪草种选择得当，草坪植生带在南北方生长季节内的任何时期都可以铺设。

（3）用植生带建坪，纯度高，草种发芽率达85%，发芽一致，杂草少，生长整齐。

（4）植生带体积小，重量轻，运输、储藏、施工方便，可以随地形任意裁剪。

（5）铺植后至成坪期间，受下雨和浇水的影响较小。遇暴雨冲刷，也不会造成种子集中分布或流失，因此也可铺在防护堤等有坡度的地段上。

（6）在生产草坪植生带的过程中，可以根据需要加工出带有种肥或除莠剂等农药的植生带。

（7）构成植生带的无纺布，在土壤中腐烂分解后变成肥料，增加了土壤中的有机肥。

缺点：

（1）成本高，不易普及。

（2）极细小的种子的均匀度不够理想，从而影响了出苗后草坪的均一整齐。

（3）因草种限制，适宜北方地区的冷季型草种较多，但热带、亚热带的草种很少，因此南方推广少。

（4）生产工艺还存在一定缺陷，原材料采用无纺布及纸质均有缺点。

（1）植生带的储藏和运输条件及注意事项　植生带的储藏要求库房整洁、卫生、干燥、通风；温度10~20℃，相对湿度不超过30%；注意防火；预防杂菌污染及虫害、鼠害；运输中防水、防潮、防磨损。

（2）植生带建植草坪的技术要点　铺设植生带前要精细整地，做到地面高度平整。土壤细碎，土层压实，避免虚空影响铺设质量。铺设要仔细认真，接边、搭头均按植生带的有效部分搭接好，以免漏播。覆土要细碎、均匀，一般覆土0.5~1厘米。覆土后用辊镇压，使植生带和土壤紧密接触。采用微喷或细小水滴设备浇水，喷、浇水均匀，喷力微小，以免冲走浮土。每天喷或浇水2~3次，保持土表湿润至齐苗。以后管理同其他种植方式，40天左右即可成坪。

二、营养体建植草坪法

指利用草坪草分蘖性、匍匐性、根、茎节的发根长芽特性，采用草皮、草块、草塞、草毯、幼枝和匍匐茎直接铺植或播植成坪的方法。

1. 营养体建坪材料

（1）草皮 草皮应尽可能地切薄，为保留其地下器官而带 2 厘米厚的土是必要的。草皮块收获后宜尽早铺装，避免发热、脱水等损害。

草皮有两种类型，即有土草皮和无土草毯。

有土草皮是草坪草直接生长在土壤上所形成的草皮

无土草毯是草坪草生长在不是土壤的基质上所形成的草皮

（2）草块 是从草坪中抽取或由草皮块条切得圆柱状或块状的部分，适于匍匐茎型具旺盛扩展性的草坪草种的增植。

（3）草塞 即把草分成草束，以塞植方式建植到指定处。

（4）枝条和匍匐茎 指单个植株或沿着匍匐枝几个节的株体部分。适于此法的草坪草种有匍匐剪股颖、绒毛剪股颖、狗牙根、结缕草等。

草块

草塞

草茎

2. 营养体建坪方法

（1）铺植法　利用草坪的营养体作繁殖材料建植草坪，相对于种子播种法成坪速度快，但播种材料用量大，建坪成本高，存放和运输过程中要求条件较高（草皮起后24～48小时内铺设、不脱水、不发热等），要有专门的草皮生产基地。

1）铺植方法

第一，点铺（分栽法）：即将草皮或草毯的草坪草分成小块株丛，按一定的距离栽入疏松的坪床内，通过浇水、施肥等养护管理而形成草坪的方法。此法草坪植株成活率高，但需大量人工栽植，且成坪时间长。常用于密丛型的草坪草类。

第二，密铺法（满铺法）：方法是先将草皮或草毯［长（60~180）厘米×宽（30~45）厘米］以1~2厘米间隔铺植在准备好的场地上，然后用0.5~1.0吨重的磙筒或木夯压紧压平并经浇水等管理过程使之成坪。此法在长江以南地区一年的任何时间都可铺植，铺后就有很好的景观，有效地形成"瞬时草坪"，但建坪成本较高。

密铺法即用草皮或草毯将地面完全覆盖。

第三，间铺法：通常有两种方式，即铺块式和梅花式。铺块式是将草皮或草毯切成10厘米左右长的长条形，以3~6厘米或更宽间距铺植在场地内，经镇压、浇水成活。铺装面积为总面积的1/3左右，一般40~60天成坪。梅花式是将上述规格的草皮块相间排列成梅花图案进行铺植，所呈图案比较美观，铺设面积占总面积的1/2，节约成本。

第四，条铺法：将草皮或草毯切成宽6~12厘米的长条，以20~30厘米的间隔铺入坪床，经镇压、浇水成活。此法较节约草皮，分布也较均匀，但成坪时间也较长，一般要60~80天才能成坪。

2）铺植材料要求　铺植材料（草皮或草毯）不论带土与否，都应选择纯净、均匀、生长正常、无病虫害、人工栽植的初成坪草坪（幼龄而生长正常的建植材料是铺植后迅速生长发育的关键因素）。

草皮规格：典型的草皮块，长度为60~180厘米，宽度为30~45厘米，厚度为1.5~2.5厘米（根和必需的地下器官及所带土壤的厚度）。

3）铺植时间　铺植要掌握季节，大致以黄河、五岭山脉为界分成3大片。黄河以北，可在当地的春季或雨季从事传统的铺设法建坪。黄河以南五岭山脉以北：暖季型草种以当地春季至雨季为佳；冷季型草种分别以早春和夏末至中秋为好。岭南全年可建立草坪，但以雨季为佳。

4）铺植操作步骤

从笔直的边缘如路缘处开始铺设第一排草皮，保持草块之间结合紧密平齐。

在第一排草皮上放置一块木板，然后跪在上面，紧挨着毛糙的边缘像砌砖墙一样铺设下一排草皮。用同样的方式精确地将剩余的草皮铺完，不要在裸露的土壤上行走，坪中心可以利用任何的小块草皮。

用耙子背面将每块草皮压实，消除气洞，确保根部与土壤完全接触。或者用轻型碾压器将草皮滚压一下。

撒一点表面装饰用的过筛后的沙质肥土，用刷子把土刷入草皮块之间的空隙。给新植草坪浇透水，在干燥天气中保持湿润。

草皮边缘的修整，包括直边和曲边。直边：沿着应形成的直线边缘拉紧一条绳子，紧贴绳子倚一块木板，并站在木板上，顺着绳索将多余的草皮用草坪切边器切掉。

曲边：用两头分别系有小木条和装着干燥细沙的漏斗画出弧形线，也可用洒水软管或绳索，用金属圈套牢。

铺植注意事项

（1）注意减少草皮土壤与移植地土壤质地的差异。如果草皮土壤与移植地土壤质地的差异较大，则铺植后易引起土壤层次的形成（即分层），从而影响草坪草成活和建坪质量。

（2）起皮后应尽快铺植，一般要求在 24～48 小时内铺植比较好。

（3）防止草皮的脱水和发热现象的发生。草皮在堆积、运输的过程中可能会出现干燥脱水和发热现象，要注意草皮保温和通风。

（2）播茎法 利用草坪草的茎作"种子"均匀撒布于坪床上，经浇水、施肥等管理形成草坪的一种建坪方法，是一种营养繁殖法。

1）适合播茎法的草坪草　将草坪草地上部分茎或枝作播种材料，在南方建坪中运用较多。原则上所有的草坪草都可作为播茎法建植草坪的材料，但具有匍匐茎或枝的草种取材容易，成坪速度快，所以更适宜于采用播茎法建坪。常用的草坪草有狗牙根、结缕草、剪股颖、地毯草等。

2）播茎法建坪的技术要点　第一，场地准备：坪床要求精细平整，无低洼积水处；第二，采集草茎：草茎要新鲜，尽量缩短采集到播种之间的时间以免失水影响成活率；草茎长度以带 2~3 个茎节为宜，可采用机械切碎或人工撕碎的方式进行加工，以便于播种均匀，草茎用量为 0.5 千克/米^2 左右；第三，覆土：覆细土 0.5 厘米左右，使草茎埋入土中或部分埋入土中；第四，镇压：覆土后镇压使草茎和坪床紧密接合；第五，灌溉：最好要建立喷灌系统，喷灌强度小到中雨，保持土壤湿润至发新根长新叶。以后管理同其他种植方式。

播茎法建植草坪的特点

（1）生产周期短，自播种至形成草坪需 1~2 个月，而且 2~3 个月之后又可以提供建植新坪所用的草茎。

（2）形成的草坪质量和景观与种子播种法建立的草坪相仿。

（3）种（草茎）源草坪占用农田的量缩小到最低限，且不破坏土壤。

（4）运输量少，与草皮比较尤为显著。

（5）投资少，省工，成本低。

（6）种茎的贮运比种子贮运麻烦。

第四节　植后管理

不论采用何种方法建植草坪，建植后均应浇足水，并经常检查墒情，及时补水，保持坪床土壤呈湿润状态，以利出苗或成活。而植后管理的目的在于提高成坪速度和质量，同时降低管理费用。其主要管理措施包括以下几个方面：

一、修剪（轧草）

新建草坪应及时进行修剪管理，新枝条高达 5 厘米时就可以开始修剪。新建的公共草坪修剪高度为 3~4 厘米。

草坪修剪通常在土壤较硬时进行，修剪机具的刀刃应锋利，避免将幼苗连根拔起和撕破、擦伤纤细的植物组织。无露水时，最好是在叶子不发生膨胀的下午进行修剪。避免使用过重的修剪机械。

二、施肥

新建草坪在种植前如已适量施肥，不存在施肥问题。如果肥力明显不足，幼苗呈淡绿色，接着老叶呈褐色，是缺肥的征兆，要进行追肥。为了防止颗粒附于叶面而引起灼伤，应在叶子完全干燥时撒施肥料，或事先溶于水中，用轻型喷灌机喷施。施肥主要是氮及其他养分，宜少量多次。草皮铺装的草坪，施肥量较高。第一次修剪后，应立即施肥。

三、灌溉

干旱对种子的萌发是相当有害的，严重的板结可以阻止新芽钻出地面，使幼苗窒息死亡。新坪灌水应做到：使用喷灌强度较小的喷灌系统，以雾状喷灌为好；灌水速度不宜过快，灌水应持续到2.5~5厘米深完全浸润为止；避免土壤过涝，特别是在床面产生积水小坑时，要排除积水。

随着草坪草的发育，灌水次数减少，但每次灌水量增大，以改善土壤的通气性。

四、地表覆土

地表覆土是匍匐茎型草坪草组成的新建草坪维持低修剪条件时的一种特殊养护措施，可促进匍匐枝节间的生长和地上枝条发育。

表施的土壤应与被施的草坪土壤质地相一致，否则将可能影响根系中的通透性。连续而有效地地表覆土，还能填平洼地，形成平整的草坪地面，但要避免过厚的覆盖，防止光照不足而产生不良后果。

五、病虫及杂草控制

杂草通常是新建草坪危害最大的敌人，清除杂草的有效方法是使用除莠剂。大多数除莠剂对小的草坪草均有较强的毒害作用，常提前或推迟使用。草坪病害可用避免过多灌溉和增大幼苗密度的方法来防除，播前用杀菌剂处理种子。草坪虫害主要有蝼蛄、地老虎类等，可以用相应的农药进行防治。

第五节　临时覆播草坪的建植

覆播即在暖季型草坪群落的休眠期用冷地型草坪草重播，也称为追播或插播。亚热带地区，在暖季型草坪草秋季枯黄的时候，为了获得良好的外观和满足正常运动的需要，习惯在暖季型草坪中覆播冷季型草坪草。

覆播通常采用生长力强、建坪迅速的草坪种，如多年生黑麦草及由 3 个品种黑麦草组成的"博土草"。覆播是快速改良草坪和延长草坪绿色期的有效技术措施。

一、场地准备

场地准备包括枯草层控制、施肥和杂草控制几个方面。

1. 枯草层控制

枯草层中生长的幼苗易受冻，也易受到践踏和其他逆境的损伤。因此，不只是在覆播前，在整个生长季节中均需进行枯草层控制。在温度适宜的生长阶段，经常覆土和轻度纵向修剪有助于控制枯草层和保持高质量草坪。在覆播之前 50～60 天时就应安排本年最后一次打孔耕作，覆播前临时打孔可导致草坪草集中于孔中丛生，造成幼苗分布不均。

2. 施肥

施肥有利于减少暖季型草坪草的竞争，同时也能促进覆播草坪草的生长。在覆播前 2～4 周内不能施肥，但覆播时应包括施肥程序。

3. 杂草控制

在不妨碍覆播的草坪草萌发的情况下，细心地确定苗前除草剂的施用时间，控制一年生早熟禾杂草。秋天一年生早熟禾可发芽出苗，与覆播冷季型草坪草进行激烈竞争，会降低覆播草坪的外观和功能质量。为了解决这个问题，通常是在覆播前 50～90 天时，在打孔耕作和覆土后立即施用一次苗前除草剂，常用的除草剂有地散灵、氟草胺和拿草特。拿草特对一年生早熟禾进行苗后处理具有极佳的效果。覆播期间，在有除草剂毒残留的地方，要使用活性炭，避免除草剂抑制覆播草坪草的萌发和生长。

二、草坪品种选择

过去大部分是用一年生黑麦草来进行覆播。近年来，多用细羊茅、剪股颖、粗茎早熟禾、草地早熟禾和多年生黑麦草混合取代一年生黑麦草或添加到一年生黑麦草中进行覆播。播种量要比在温暖气候下建造永久草坪的播种量大很多。对于多年生黑麦草，典型的播种量是 120～200 克/米^2。在狗牙根或其他暖季型草坪中，由于一年生黑麦草价格较低，具有兼容性质地，仍然被普遍用于覆播，播种量一般为 24～50 克/米^2。

三、建植程序

覆播时间是覆播建坪成功的关键。时间合适，暖季型草坪草的竞争力达到最小，同时有利于冷季型草坪草的萌发和幼苗生长。一般情况下，日平均气温低到

23℃时可以开始进行覆播。

决定了覆播时间后，进行播种、播后拖耙和灌溉。如果暖季型草坪草太密，覆播种子难落到草坪土壤上，要用重型拖耙，使所有种子进入草坪，落到土壤上。灌水可以使草坪草种子在草坪中下沉，到达土壤表层便开始萌发。人工方法灌溉更有利于直接把草坪种子冲洗进草坪中。

如果在不含枯草层的草坪覆播时，上述步骤能很好地使种子进入草坪中。当存在大量的枯草层时，通常在播种前要进行不同方向的纵向修剪。如果枯草层大于0.6厘米时，还要进行覆土处理。播种后，覆土同样使枯草层内有了更为有利的萌发条件。在用覆土也难以改善枯草层影响的草坪上，种子虽然能够萌发，但在踩踏和冷凉气温下，幼苗的生存力下降，幼苗生长发育不良，难以达到预期的目标。

四、播后管理

覆播后最大的问题是病害、暖季型草坪草的竞争、幼苗冻害。

病害：覆播时要使用杀菌剂处理种子。为了把以后的病害（特别是枯萎病）减少到最低程度，应喷洒预防性的杀菌剂。在前4周内病害通常不是大问题。

暖季型草坪草的竞争：暖季型草坪草与冷季型草坪草之间的激烈竞争是难免的，特别是当出现了与季节不符的温暖气候时，这种竞争将会持续一段时间。施肥技术在减少竞争方面起重要作用，要避免过量施氮肥，这样可大大降低竞争，但施肥量要足以能维持冷季型草坪草生长的需要。

幼苗冻害：冻害对覆播草坪草幼苗的影响也很大。特别是覆播第一个月，如出现低温，将会对刚刚出苗的草坪草产生不利的影响，在北亚热带常遇到这类情况。提高修剪高度是减少冻害的一个办法。如果岭覆播后3周内把修剪高度从0.5厘米提高到0.8厘米，等到第一个分蘖出现后，在冬季逐渐降低修剪高度，使植株变得健壮，抗冻能力增强。

附：常见问题分析

1. 建坪地选择不当的原因及解决方法?

建坪地选择不当的主要原因是事先缺乏必要的调查和了解。坪地土壤是草坪草根系、根茎、匍匐茎生长的环境，土壤结构和质地的好坏直接关系到草坪草生长和草坪的使用。所以在建植草坪前应做简单的场地调查，以内容主要包括场地的位置、水源状况、交通状况、土壤状况等几方面。（具体内容请参阅本章第一节第一部分场地调查）

2. 草坪建植方法的选择依据是什么?

草坪建植有两种方法，即种子建植法和营养体建植法。种子（有性繁殖）建植的方法包括播种法、植生带铺植法、喷播法；营养体（无性繁殖）建植的方法包括播茎法、（草皮、草块）铺植法。

选择哪种建植方法要依费用、时间要求、现有草坪建植材料及其草坪草的生长特性而定，种子建植费用最低，但速度较慢；无性建植（包括草皮、草块、枝条和匍匐茎），直铺草皮速度最快，但费用最高，某些草种，如匍匐剪股颖，用上述两种方法建坪都可以；某些草种，由于得不到纯正或有活力的种子，则不能通过播种法建坪。某些草种，由于草块和匍匐茎缺乏足够的扩展能力，则不能使用无性建植方法。所以在实际操作中应根据具体条件和要求选择合适的建坪方法。

复习思考题

1. 草坪在建植前，如何进行坪床处理？
2. 结合当地实际情况，如何正确选用草坪草？
3. 如何利用营养体进行草坪建植？

第三章　草坪养护管理

【知识目标】

1. 了解草坪对水分的需求及草坪灌溉知识。
2. 了解草坪修剪的相关基本知识。
3. 了解草坪草对营养元素的需求状况，掌握草坪施肥基本知识。
4. 了解草坪辅助管理措施在草坪养护中的重要性，各种辅助管理措施的原理和方法。

【技能目标】

1. 能进行草坪日常灌溉与排水管理。
2. 能进行草坪日常修剪技术操作。
3. 会进行草坪施肥及草坪辅助养护管理。

"三分种植，七分管理"，草坪管理的好坏，决定草坪建植的成败。草坪一旦建成后，就进入到养护管理阶段，其中，修剪、施肥和灌溉是 3 项最主要的草坪养护管理措施，这 3 项措施之间是相互联系的。当修剪高度变化时也要调整施肥、灌溉的频率与强度。

第一节　草坪灌溉与排水

草坪灌溉是保证适时、适量地满足草坪草生长发育所需水分的主要手段之一，是弥补大气降水在数量上的不足和时空分布不匀的有效措施。排水对保证草坪草的正常生长发育和养护高质量的草坪也必不可少。

一、草坪灌溉原理

（一）草坪的水分需求

草坪草的组织由 80%～95% 的水分组成，如果水分含量下降就会引起草坪草萎蔫，含水量下降至 60% 时，草坪草就会出现死亡。草坪积水会严重影响草坪草根系的生长发育，诱发疾病，最终导致草坪草死亡。

（二）草坪土壤水分的调节与控制

1. 草坪土壤水分的供给
在自然条件下，草坪草所需要的水分主要由大气降水和土壤供给，但它们往往满足不了草坪草生长发育的需要，尤其在干旱地区或干旱季节，为了草坪草的生存或养护，必须人工灌水。

2. 草坪土壤水分的损失
草坪土壤水分的损失主要表现在 3 方面：即草坪地表的蒸发、土壤大孔隙排水和草坪草的蒸腾作用。其强度主要受气候以及土壤条件的影响。当盛夏太阳辐射最强时，草坪蒸发和蒸腾水分损失以最大速度进行。沙土的保水性最差，大孔隙排水最多。

3. 草坪土壤水分调节与控制的意义
土壤水分不足会严重威胁草坪草的生长发育，而水分过多同样会引起草坪草生长发育的不良。所以，只有在草坪需水时才灌溉，而当土壤水分过多时，则必须排水。否则，草坪积水将导致土壤通透性不良，使草坪草根系生长严重受阻，在温暖的气候条件下，还会诱发叶片感染各种疾病，给杂草生长创造有利条件，最终导致草坪死亡。所以，土壤水分的调节与控制是草坪管理的必要措施。

二、草坪灌溉水的选择

（一）水源

草坪灌溉水源主要有地下水，静止地表水体（湖、水库和池塘）和流动地表水体（河流、溪水），正在变得重要的第四个水源是来自城市处理的污水。

在地下水丰富的地方，可以打井为草坪提供一个独立的灌溉水源。井水中不含杂草种子、病原物和各类有机成分，水质一致，盐分含量稳定，是理想的水源。

大河流是可靠的水源，但污染可能妨碍其利用。小河流和溪水能改造成小型水库而作为灌溉水源。

小湖泊或池塘，是良好的灌溉水源。地址设置得当，其储备水可由泉水、地面排水、降雨和自来水补充。

（二）水质

灌溉水的质量决定于溶解或悬浮在水中的物质类型及浓度。决定水质量的因素是盐浓度和钠及其他阳离子的相对浓度，总的盐分可通过水的电导率来确定。

各类有机和无机颗粒可能悬浮在水流中，特别是流动的溪水、河水，应考虑过滤，以避免对灌溉系统的危害。

三、灌溉方案的确定

（一）确定灌溉方案的原则

1. 灌溉要有利于生长

灌溉必须有利于草坪草根系向土壤深层生长发育，应根据草坪草的需要，在草坪草缺水时进行灌溉。

2. 灌水量要在合理的范围内

单位时间灌水量（灌水强度）不应超过土壤的渗透能力，总灌水量不应超过土壤的田间持水量。

3. 不同土壤要有不同的灌溉方案

对壤土和黏壤土而言，应"每次浇透，干透再浇"，在沙土上，要小水量多次灌溉。

（二）灌水时间

1. 灌水时间的判断方法

草坪何时需灌水，需要有丰富的实践经验。一般可用以下方法进行判断：

（1）植株观察法　当草坪草缺水时，首先是出现膨压改变征兆，草坪草表现出不同程度的萎蔫，进而变为青绿色或灰绿色，此时需要灌水。

（2）土壤干湿法　土壤颜色随含水量不同而变化，一般，干旱土壤的颜色较湿润土壤浅。用小刀或土钻分层取土，当土壤干至 10 ~ 15 厘米深时，草坪就需要浇水。

（3）仪器测定法　张力计中填充着水并插入土壤中，随着土壤变干，水从张力计多孔的杯状底部向上而引起真空指数器指到较高的土壤水压，从而根据真空指数器的读数来确定灌水时间。

（4）蒸发皿法　除大风地区外，蒸发皿的失水量大体等于草坪因蒸散而失去的耗水量，当蒸发皿水降低 75% ~ 85%，相当草坪灌水量失去的 75% ~ 85%。

2. 一天中最佳的灌水时间

有微风时是灌溉的最好时间。此时湿度高而温度低，较有效地减少蒸发损失，风还利于湿润叶面及组织的干燥。黄昏灌水能有效地提高水的利用率，但草坪整夜处于潮湿状态，病原菌和微生物易于侵染草坪草组织，引起草坪病害。夏季的中午及下午灌水，水分蒸发损失大，同时，还容易引起草坪的灼烧。综合考虑，清晨是一天中最佳的灌水时间，但是也可以灵活考虑。例如北方的晚秋至早春，以中午前后灌溉为好，此时水温较高，灌水后不致伤害草坪草根系。

（三）灌水量

1. 影响灌水量的因素

（1）草坪草种或品种　不同草坪草种或品种需水量不同。一般，暖季型草坪草比冷季型耐旱性强，这是由于暖季型草坪草的光合系统效率更高，它合成 1 克干物质所用的水只相当于冷季型草坪草的 1/3。此外，暖季型草坪草一般有比冷季型草坪草更发达的根系，在逆境中能表现出更大的优势。

根系越发达的草坪草耐旱性越强。因为根系分布越深越广，越能更深更大范围地从土壤中吸收水分和养分。不同草种或品种之间表现出较大差异，通常多数多年生草坪草的根系深而强壮，可耐受长时间的干旱逆境，而一年生草坪草则根系浅而弱，易受干旱伤害。

（2）草坪养护水平　一般，同种草坪草，养护水平高的，灌水量要大一些。如高尔夫球场的果岭地带，养护精细，修剪高度低，修剪频率高，使得根系分布较浅，施肥较多，灌水量也较大。

（3）土壤质地　土壤质地对土壤水分的影响很大，沙土大孔隙多，水分向下渗透快，排水性好，但保水性差（粗沙中水分 1 小时即可渗入到 7.6 厘米深）。黏土小孔隙多，保水性很强（黏土的持水量约为壤土的 2 倍，沙土的 4 倍或更多），但排水性差，其渗透率（土壤吸收水分的速率，也叫吸收力）通常为 0.25 厘米/

小时。壤土则介于二者之间，是比较理想的土壤质地。一般，疏松的沙壤土的渗透率为2.5厘米/小时，但结构紧实时可降到0.76厘米/小时。

（4）气候条件 我国各地气候条件差异很大，南方降水充沛，北方则普遍稀少，降水在季节上的分配也极不平衡。此外，不同的气候条件以及不同的生长季节，草坪的耗水量也不相同。

2. 灌水量的确定

用灌溉水浸润土壤的实际深度来确定灌水量。草坪每次的灌水量以湿润到土层的10~15厘米为宜（根系主要分布在10~15厘米以上的土层中）。在北方，冬季灌溉则增加到20~25厘米。还可以根据既定灌溉系统，测定灌溉水渗入土壤额定深度所需的时间，通过控制灌水时间来控制灌水量。一般在草坪草生长季节的干旱期内，每周需补充30~40毫米水，在炎热而干旱的条件下，旺盛生长的草坪每周需补充60毫米或更多的水。

3. 灌溉次数

灌溉应使土壤湿润到10~15厘米深处，减少灌溉次数，增加灌水量可获得最佳效果。每周两次较好，保水性好的土壤，可每周1次，保水性差的沙土，可每周3次。深根草坪对灌溉频率的要求要低，但每次灌溉的需水量大，浅根草坪则需要比深根草坪频率高但强度小的灌溉。一般应避免每天浇水（高尔夫球场的果岭及其他极高质量要求的草坪除外），因为经常湿润的土壤会使草坪草的根系分布在很浅的土表，对各种不良环境缺乏抵抗力。而长期经受中等程度的干旱逆境的草坪草，表皮加厚，根系分布更深更广，对不良环境的抵抗力也更强。

（四）灌溉方法

1. 人工管灌

人工拉水管浇水，完全凭经验、靠感觉，很不科学，已渐渐被淘汰。此外，道路绿化还常常采用水车喷灌。

2. 地面漫灌

费水、费时、费工，不好控制灌溉均匀度和灌溉强度，也有被草坪喷灌取而代之的趋势。

3. 草坪喷灌

（1）喷灌强度 单位时间内喷洒在地面上的水深或喷洒在单位面积上的水量，常指的是组合喷灌强度，因为大多数情况下草坪喷灌为多个喷头组合起来同时工作。

对于喷灌强度的要求是：水落到地面后能立即渗入土壤而不出现地面径流和积水，即要求喷头的组合喷灌强度必须小于或等于土壤的入渗速率。土壤质地不同，允许喷灌强度不同。

（2）喷灌均匀度　喷灌草坪生长的好坏主要决定于喷灌均匀度，它是衡量喷灌质量好坏的主要指标之一。

喷头射程能够达到的地方，草长得整齐、美观；而经常浇不到水或浇水少的地方会呈现出黄褐色，从而影响了草坪的整体外观。观察可见，离喷头远近不同，草坪草长势有差别，因为即使水量分布图形良好的喷头，水量分布规律也是近处水多，远处水少。依照这个规律，来进行喷点的合理布置设计，通过有效的组合叠加可保证较高的均匀度，防止喷水不匀或漏喷。

影响均匀度的因素除设计方面外，还有喷头本身旋转的均匀性、工作压力的稳定性、地面的坡度、风速、风向等。由于风是人为无法控制的，一般当大于3级风时应停止喷灌，最好在无风的清晨或傍晚灌溉为宜。另外，在设计时使支管走向与主风向垂直或加密喷头的数量也是抗风的一个好办法。

（3）雾化度　指喷射水舌在空中雾化粉碎的程度。草坪草（成坪后）是比较粗放的植物，对水的雾化程度要求较低，雾化指标（工作水头与喷嘴直径之比值）介于2 000～3 000均可。在草坪苗期，喷洒的水滴不宜太大，以免损伤嫩苗。草坪幼苗期喷灌时最好覆盖麦秸或细沙土，这样不但起缓冲作用，同时还能保水，并防止幼苗被晒伤。

4. 叶面喷水

目的在于补充草坪草水分亏缺、降低茎叶温度、除去叶表面的有害附着物。

四、草坪的排水

排水技术要求：草坪的排水通过采用坪床的坡度造型和设置排水管道以及土壤改良的方式进行。

第二节　草坪修剪

草坪修剪（剪草或轧草）即去掉草坪草一部分生长着的茎叶，是所有草坪管理措施中最基本的措施之一。在修剪、施肥和灌溉3项措施中，修剪是费用最高的，因为需要经常定期修剪，还需要专用修剪机械。

一、修剪目的及原理

（一）修剪目的

修剪可以在特定的范围内控制草坪草顶端生长，促进分枝，维持一个适于观赏、游憩和运动的草坪表面。

草坪若不修剪，长高的草坪草将干扰运动的进行和改变草坪的外观，使草坪失去坪用功能，降低品质，进而失去其经济价值和观赏价值。适当的修剪可平滑草坪表面，促进草坪草的分枝，利于匍匐枝的伸长，增大草坪的密度。在一定范围内，修剪次数与枝叶密度成正比。同时，还能抑制杂草的入侵，提高草坪的美观性及其利用效率。

（二）修剪原理

修剪会去掉部分叶组织，对草坪来说是一个损伤，但它们又会因强的再生能力而得到恢复。

草坪草的再生部分主要有 4 个方面：第一，剪去上部叶片的老叶可继续生长；第二，未被伤害的幼叶可以长大；第三，茎基的分蘖可产生新的枝条；第四，茎基、根和留茬吸收和贮藏的营养物质能保障再生对养分的需求。

二、修剪高度

修剪（留茬）高度即修剪后立即测得的地上枝条的高度。

（一）影响修剪高度的因素

草坪的修剪高度常与草坪的用途、草坪草的种类和品种及环境条件有关。

1. 草坪草的种类及品种

每一种草坪草都有一定的耐修剪高度范围，在这个范围内修剪，可以获得令人满意的效果。不同的草坪草，生长点高度不同，基部叶片到地面的高度不同，其修剪高度也不同。一般，叶片越直立，修剪高度越高（草地早熟禾和苇状羊茅）。匍匐型草坪草的生长点比直立型草坪草低，修剪高度也低（匍匐剪股颖和狗牙根）。

常见草坪草的参考修剪（留茬）高度　　　　　（单位：厘米）

暖季型草坪草	修剪高度	冷季型草坪草	修剪高度
普通狗牙根	2.1～3.8	匍匐剪股颖	0.5～1.2
杂交狗牙根	0.6～2.5	细弱剪股颖	0.8～2.0
地毯草	2.5～5.0	绒毛剪股颖	0.5～2.0
假俭草	2.5～5.0	普通早熟禾	3.8～5.5
中华结缕草	1.3～5.0	草地早熟禾	3.8～5.7
沟叶结缕草	1.3～3.5	多年生黑麦草	3.8～5.1
细叶结缕草	1.3～5.0	一年生黑麦草	3.8～5.1
野牛草	2.5～7.5	苇状羊茅	4.4～7.6

续表

暖季型草坪草	修剪高度	冷季型草坪草	修剪高度
雀稗	5.0~7.5	细叶羊茅	3.8~6.4
钝叶草	3.8~7.6	硬羊茅	2.5~3.4
无芒雀麦	7.6~15	紫羊茅	3.5~6.5

2. 草坪用途

草坪的用途不同，对修剪高度的要求也不同。受强烈践踏的运动场草坪，宜高剪；轻型运动草坪稍低剪。同时，草坪质量要求越高，修剪高度就越低。

修剪高度的排序（从低到高）：高尔夫球场果岭或发球台草坪（0.5厘米）＜高尔夫球场球道、足球场草坪（2~4厘米）＜绿化观赏草坪（4~6厘米）＜公路护坡草坪（8~13厘米）。

3. 环境条件

当草坪受到不利因素影响时，最好是提高修剪高度，以提高草坪的抗性。在夏季，为了增加草坪草对热和干旱的忍耐度，冷季型草坪草的留茬高度应适当提高。当天气变冷时，在生长季早期和晚期也应适当提高暖季型草坪草的修剪高度。如果要恢复昆虫、疾病、交通、践踏及其他原因造成的草坪伤害时，也应提高修剪高度。树下遮阴处草坪也应提高修剪高度，以使草坪更好地适应遮阴条件。休眠状态的草坪，有时也可把草剪到低于忍受的最小高度。在生长季开始之前，应把草剪低，以利枯枝落叶的清除，同时生长季前的低剪还有利于草坪的返青。

（二）修剪高度的确定

修剪高度的确定需要严格遵守1/3原则。即每次修剪时，剪掉的部分不能超过草坪草自然高度（未剪前的高度）的1/3。当草坪草高度大于适宜修剪高度的1/2时，应遵照1/3原则进行修剪。一般草坪草适宜的留茬高度为3~4厘米，遮阴处留茬应高一些，当草坪草长到6厘米时就应该修剪。

修剪时不能伤害根颈，否则会因地上茎叶生长与地下根系生长不平衡而影响草坪草的正常生长。一次修剪的量大于1/3，由于大量的茎叶被剪去，引起养分的严重损失。叶面积的大量减少，将导致草坪草光合作用能力的急剧下降，仅存的有效碳水化合物被用于新的嫩枝组织，大量的根系因没有足够的养分而死亡，最终导致草坪的衰退。频繁的修剪使剪除的顶部远不足1/3时，会出现根系、茎叶减少，养分储量降低，真菌及病原体入侵机会增加，不必要的管理费用增加等问题。

（三）修剪高度对草坪草的影响

1. 修剪过低的效应

修剪时要考虑基部叶片到地面的高度。若修剪高度过低，大量生长点被剪除，使草坪草丧失再生能力。大量叶片被剪除（脱皮），草坪草光合作用能力受到限制，同化作用减弱，养分储备下降，处于亏供状态，根中的营养物质被迫用于植株再生，结果大部分储存养分被消耗，导致根的粗化、浅化，根系减少，必然导致草坪衰败。草坪严重"脱皮"后，将使草坪只留下褐色的残茬和裸露的地面。

2. 修剪过高的效应

修剪高度过高，会产生一种蓬乱、不整洁、浮肿的外观，同时也会因枯枝层密度的增加给管理上带来麻烦。还会导致叶片质地变粗糙，嫩苗枯萎，顶部弯曲，草坪密度下降。高茬修剪后很难达到人们要求的修剪质量。

三、修剪时间和频率

要获得优质草坪，必须在生长旺盛时期对草坪草连续进行修剪。草坪修剪的时间和次数，不仅与草坪的生长发育有关，还与草坪的种类、肥料的供给有关，特别是氮肥的供给，对修剪的次数影响较大。

（一）修剪时间

一般说来冷季型草坪草有春秋两个生长高峰期，因此在两个高峰期应加强修剪，但为了使草坪有足够的营养物质越冬，在晚秋修剪应逐渐减少次数。在夏季冷季型草坪也有休眠现象，也应根据情况减少修剪次数。

暖季型草坪草由于只有夏季的生长高峰期，因此在夏季应多修剪。在生长正常的草坪中，供给的肥料多，就会促进草坪草的生长，从而增加草坪的修剪次数。

草坪修剪时间就全年而论，标准的修剪时间在 5~6 月，温暖地区为 7~8 月，运动场等特殊用途草坪的修剪期可在 8~10 月。

（二）修剪频率

草坪的修剪次数常用修剪频率来描述，修剪频率即指一定时间内的修剪次数。而修剪周期是指连续两次修剪的间隔时间。修剪频率越高，次数就越多，修剪周期就越短。

在正常气候条件下的夏季，冷季型草坪进入休眠，一般 2~3 周修剪一次；在温度适宜，雨量充沛的秋、春两季由于生长茂盛，冷季型草需要经常地修剪，至少一周一次。暖季型草冬季休眠，在春秋生长缓慢，应减少修剪次数，在夏季天气较热，暖季型草生长茂盛，应进行多次修剪。

另外修剪的次数与修剪高度也密切相关。修剪高度越低，修剪次数就越多，反之修剪的次数越少。如某一草坪要求修剪的高度是 1 厘米，那么，草长到 1.5 厘米高时就应修剪；如要求保持的高度是 3 厘米，则要草长到 4.5 厘米高时才需要修剪。显然，前者的修剪频率要高得多。草长得过高，不应一次将草剪到标准高度，而是应该在频率间隔时间内，增加修剪次数，逐渐修剪到要求高度。如草已到 6 厘米，而要求的修剪高度只有 2 厘米，我们不能一次就剪掉 4 厘米，达到 2 厘米的要求，而是应该根据 1/3 原则先去掉 2 厘米，再分若干次，逐步降到 2 厘米。这种方法虽比简单的一次修剪费工、费时，但可获得良好的草坪质量。

四、修剪质量的影响因素

修剪质量由剪草机类型和草坪的状况所决定。草坪处于不良状态时，使用最好的剪草机，也很难获得良好的修剪效果。因此，剪草机类型的选择、修剪方式的确定、草屑处理等均影响草坪修剪质量。

草坪修剪

（一）剪草机的选择

当前，生产上使用的剪草机有滚筒式和旋转式两种基本类型，选择剪草机总的原则是在达到修剪草坪质量要求的前提下，选择经济实用的机型。

（二）修剪方式

正确的修剪方法是修剪质量的重要保证。草坪修剪要注意两个问题：第一，剪草机刀片要锋利；第二，同一块草坪，每次修剪要避免以同一方式进行，要防止永远在同一地点、同一方向的多次重复修剪，否则草坪就会退化和发生草叶趋于同一方向的定向生长。

想要获得条纹效果，则需在中心大面积草坪上采用一定方向来回修剪，草坪草茎叶倾斜方向不同，对光线的反射方向发生变化，在视觉上产生明暗相间的条纹状，增加草坪美学外观。

（三）草屑处理方式

由剪草机修剪下的草坪草组织总体称草屑，草坪修剪时可根据实际情况移出草屑或留下草屑。

1. 移出草屑

高尔夫球场等管理精细的草坪，移走碎草会提高草坪的外观质量。如草屑较长，应移出草坪，否则长草屑将破坏草坪的外观，形成的草堆或草的覆盖层将引起其下草坪草死亡或发生疾病，害虫也容易在此产卵。

2. 留下草屑

在普通草坪上，只要剪下来的碎草不形成团块残留在草坪表面，不会引起什么问题。碎草屑内含有植物所需的营养元素（施肥后有效养分的 60% ~ 70% 含在头三次修剪的草屑中），是重要的氮源之一。碎草含有 78% ~ 80% 的水、3% ~ 6% 的氮、1% 的磷和 1% ~ 3% 的钾。有研究证明，草坪草能从草屑中获得所需氮素的 25% ~ 40%，归还这部分养分于土壤，可减少化肥施用量。

五、药剂修剪

植物生长调节剂可通过阻止细胞分裂而抑制植物生长，其不足是抑制苗生长的同时，也抑制了根系、根茎及分蘖的生长和产生。当前，生长调节剂已用于草坪低保养区（高尔夫球场的粗糙部分、路边和难以修剪的坡地绿地等），可延缓草坪草的生长 5 ~ 10 周，可减少修剪次数的 50%。

第三节 草坪施肥

施肥是为草坪草提供必需养分的重要措施之一，与草坪修剪和灌溉相比，施肥是所需费用最低的管理措施。

一、草坪草所需的营养元素与养分平衡

草坪草主要由水（75% ~ 85%）和干物质（15% ~ 25%，主要是有机化合物）组成，这些干物质包括了由 16 种草坪草生长不可缺少的元素组成的各种有机物。

人们普遍认为，除了碳、氢、氧之外，其余 13 种元素是植物生长发育的必需元素。植株中各种必需元素的含量多少不同，根据植物需要的量，可分为大量元素和微量元素。各种营养元素无论在草坪草组织中的含量高低，对草坪草的生长发育都是同等重要的，缺一不可。

缺乏任何一种必需元素都会对草坪草的整个生长发育进程产生影响，造成生长不良，降低抗性，影响草坪质量，有损美观。除了13种必需元素之外，草坪草中至少还含有40种痕量的元素，其中包括硅、钠、碘、铝、铅、砷等。这些元素虽然微乎其微，但有时也会影响必需元素的吸收，当含量超出一定范围时，会对草坪草产生不同程度的毒害作用。

土壤中每一种植物有效营养库是多种输入与输出过程的结果。输入包括施肥、大气自然沉降、动植物残体分解，输出包括气体损失、淋洗损失及养分被转换成无效态等过程。自然条件下输出与输入处于平衡状态时，则不需要施肥。

草坪草生长中需要量最大的是氮，钾列第二，其次是磷。一般情况下，是否施用氮可根据草坪草的生长状况而定，而磷和钾等的施用应根据土壤化验（土样的取样深度5~10厘米，每一测定地点至少有12个样品混合，作为常规分析，按四分法取混合样品500克以上）结果来定。

草坪草每吸收1个单位的氮需吸收0.1个单位的磷和0.5个单位的钾，所以推荐配方施肥的比例为氮∶磷∶钾=1∶0.1∶0.5。

二、影响草坪合理施肥的因素

（一）养分的供求状况

养分的供求状况是判断草坪是否需要施肥和所需肥料种类的基础，主要是指草坪草对养分的需求及土壤肥力的高低。通过植株营养诊断和组织测定可以确定草坪草的营养状况，通过土壤测试可以确定土壤的供肥能力，将两者结合起来则可以判断草坪草的养分供求状况。植株诊断是一项非常重要的技术，根据缺素症状可以判断出草坪草所需要的养分种类，但要注意排除其他可能性，如渍水、温度等。组织测试可以直接测定到草坪草实际吸收与转化的养分量，对微量元素尤其重要。

土壤测试可以全面了解草坪土壤肥力，从而确定肥料的养分组成、比例和施肥量（磷钾肥做基肥，用量主要根据土壤测试的结果）。在成熟草坪的养护过程中也要定期进行土壤测试。

（二）草坪草对养分的需求特点

1. 不同草种的养分需求差异

不同草种间对养分的需求有很大差异，特别是对氮素的需求。相对来说，冷季型草坪草中紫羊茅对氮素的要求较低，高氮条件下草坪密度和质量反而下降。草地早熟禾要求肥沃的土壤，在贫瘠的土壤上不能形成良好的草皮。高羊茅虽然耐粗放管理，但是对氮肥反应明显。暖季型草坪草中，假俭草、地毯草和海滨雀稗等对肥力要求低，狗牙根对氮肥要求高。结缕草在高肥条件下表现较好，但也可以耐低肥。

2. 同一草种的养分需求差异

同一草种内不同品种间，对养分的需求也有差异，比如，草地早熟禾"午夜"和"哥莱德"比"蓝肯"和"公园"需肥量高。需肥多的品种必须有足够的肥料供应，否则草坪质量下降。需肥少的品种过量施肥不仅不能提高草坪质量，反而会降低草坪质量，而且还会增加管理成本。

3. 不同时期的养分需求差异

草坪草不同生长时期，对养分的需求也不一样。在建坪时，基肥中必须含有 5 克/米^2 的纯氮，而磷、钾等则可根据土壤测试结果来确定是否施用及施用量。在成熟草坪上，旺盛生长期以追施氮肥为主，磷肥可以不施。而在不利的生长季节，则应少施氮肥，适当多施磷钾肥。为了维持现有的高质量草坪，可以选择较低的供氮水平。为了促进草坪草生长，使密度较低、长势较弱或由于受环境胁迫、病虫侵害的草坪草尽快恢复，则需要较高的氮水平。

（三）环境条件

环境条件适宜草坪草快速生长时，要有充足的养分供应满足其生长需要。此时，充足的氮、磷、钾供应对植株的抗旱、抗寒、抗胁迫十分必要。在胁迫到来之前或胁迫期间，要控制肥料的施用或谨慎施用。环境胁迫去后，应该保证一定的养分供应，以利于受伤害的草坪草迅速恢复。土壤的质地和结构对施入养分的保持能力影响很大，也直接影响肥料的施用。颗粒粗的沙质土壤保肥能力差，易于通过渗漏淋失，施肥时应该采用少量多次的方式或施用缓释肥料，以提高肥料的利用效率。

（四）草坪用途及管理强度

草坪用途不同，其管理强度就不同，对肥料的要求也不同。高尔夫球场果岭的草坪质量要求是所有草坪中最高的，决定了其管理强度也是最高的，其施肥水平比球道草坪要高，而球道草坪比障碍区草坪要高。水土保持草坪，质量要求很低，每年只需施一次肥，甚至可以不施。

（五）草坪养护管理措施

修剪与施肥的关系最密切。为了美观，人们移走草屑，同时也带走了大量养分。如果不增加施肥，草坪叶色将变淡，从而导致草坪质量下降。据报道，归还草屑可减少30%的施肥量。草坪灌溉也对施肥有影响，频繁的灌溉会增加土壤中养分的淋溶，从而增加草坪对肥料的需求。

（六）肥料成本

肥料价格与肥料性能要综合考虑。

三、施肥方案的确定

（一）肥料选择

一个好的施肥方案应该是在整个生长季保证草坪草健康、均匀地生长，并且保持较好的品质。通过选择适合的肥料种类，制定适宜的施肥量、施用次数、施肥时间，采用正确的施肥方法等措施，可以达到这一目标。

选择适合的肥料是制定高效施肥方案的重要内容之一。肥料类型有：天然有机肥；速效肥（可溶性肥）；缓释肥；复合肥；肥料、除草剂、杀虫、杀菌剂四合一混合物。

选择肥料的注意事项

(1) 养分含量与比例。

(2) 撒施性。

(3) 水溶性。

(4) 灼烧潜力。

(5) 施入后见效时间。

(6) 残效期长短。

(7) 对土壤的影响。

(8) 肥料价格。

(9) 贮藏运输性能。

(10) 安全性。

在具体情况下选择肥料时，必须将肥料各特性综合起来考虑，才能达到高效施肥的目的。

（二）施肥量

草坪需要施用多少肥料取决于多种因素，包括期望的草坪质量高低、空气条件、生长季节的长短、土壤质地、光照条件、践踏强度、灌溉强度、修剪碎叶的去留等，应根据土壤养分测定结果和草坪植物营养状况以及施肥经验综合制定施肥量。在所有肥料中，氮是首要考虑的营养元素，它的供给水平左右着草坪的优劣。不同草坪草对氮的需要（喜肥）程度不同，在施肥上也应作出区别。

氮肥的施用量还取决于氮肥的类型、温度、时间、修剪高度等因素，在良好生长条件下，一般每次施用量不要超过 60 千克/公顷速效氮。高于这个量时，易引起草坪损伤或过多的蘖枝生长。当温度增加到胁迫水平时，冷季型草坪施氮量不要超过30千克/公顷〔缓效氮肥，不可超过180千克/公顷〕，否则会很危险。修剪低矮或低于耐剪高度的草坪施用的速效氮肥量要少于正常修剪的草坪（修剪低矮的草坪密度大，肥料颗粒常常掉不到草坪地表，而是落在叶片上，烧伤的概率也大）。贫瘠土壤上的草坪，需要的肥料较多；草坪草生长季越长，需要的肥料也越多；使用频率较高的草坪上应施更多的肥料来促进它们的旺盛生长。

不同草坪草月补纯氮量　　　　　　　　（单位：克/米^2）

草种	施肥量	相当尿素
野牛草	1~2	2.2~2.4
紫羊茅、加拿大早熟禾、假俭草、地毯草	1~3	2.2~6.6
结缕草、中华结缕草、黑麦草、普通早熟禾、早熟禾	2~5	4.4~11.1
草地早熟禾、匍匐剪股颖、细弱剪股颖、狗牙根	3~8~10	6.6~17.7~22.2

磷肥和钾肥用量可根据土壤测试结果，在氮肥用量的基础上，按照氮、磷、钾配合施用的比例来确定。一般情况下，氮∶钾＝2∶1（目前有一种趋势，即加大钾肥的用量，使氮∶钾达到1∶1，以增加草坪草的抗逆性）。而磷肥一般每年施用5克/米^2（春施满足整个生长季节的需要）。

微量元素一般不缺乏，所以很少施用。但是在碱性、沙性或有机质含量高的土壤上易发生缺铁。草坪缺铁可以喷3%硫酸亚铁溶液，每1~2周喷1次。如滥用微量元素，即便使用量不大，也会引起毒害，因为施用过多会影响其他营养元素的吸收和活性的大小。通常，防止微量元素缺乏的较好方式是保持适宜的土壤pH值范围，合理掌握石灰、磷酸盐的施用量等。

草坪草的正常生长发育需要多种营养元素的均衡供给，氮、磷、钾及其他营养元素之间不能相互代替，通常使用充足的氮肥应配施其他营养元素，才能提高氮肥的利用率。合理的氮、磷、钾配比在草坪施肥中十分重要。一般施肥水平，每年施肥两次，第一次70~90千克/公顷〔氮∶磷∶钾＝10（1/2为缓效）∶6∶4〕第二次（5月间）30千克/公顷（氮∶磷∶钾＝10∶8∶6）追施无机化肥应控制适宜的浓度，否则会引起草坪的"灼伤"。一般硫酸钾、尿素的浓度不能高于0.5%，过磷酸钙不能超过3%。对于一些刺激性较强的无机肥料，更要注意施用量，如尿素粒施为70~90千克/公顷，如超过150千克/公顷就会毁叶伤根，硝酸铵喷施浓度不能超过0.5%，否则会损伤叶片或幼茎。

（三）施肥时间

冷季型草坪草，深秋施肥有利于草坪越冬。特别是在过渡地带，深秋施氮可以使草坪在冬季保持绿色，且春季返青早。磷、钾肥对草坪草冬季生长的效应不大，但可以增加草坪的抗逆性。夏季施肥应增加钾肥用量，谨慎使用氮肥（不施氮，草的叶变黄，但抗病性强；过量施氮，病害严重，草坪质量下降）。暖季型草坪草，最佳施肥时间是早春和仲夏。秋季施肥不能过迟，以防降低草坪草抗寒性。

（四）施肥次数

施肥次数要根据生长需要而定。理想的施肥方案应该是在整个生长季节每隔一或两周使用少量的草坪草生长所必需的营养元素，根据草坪草的反应，随时调整肥料施用量，避免过量施用肥料。然而这样的方案用工太多，也不符合实际。另一个方案则是所有的化肥一次施用，在许多低强度管理的草坪上这种类型的施肥方案可能相当成功，但对大多数草坪来说，每年至少需要施两次肥，才能保证草坪正常生长和良好的外观。一般速效氮肥要求少量多次，每次用量以不超过 5 克/米^2 为宜，施后立即灌水。一则可以防止氮肥过量造成徒长或灼伤植株，诱发病害，增加剪草工作量；另则可以减少氮肥损失。但施肥的次数也不是越多越好，有关施肥次数对假俭草草坪质量影响的研究表明：在 4 月和 7 月分别施氮 50 千克/公顷，其草坪质量比在 4 月一次施 100 千克/公顷好，也明显好于分 3～4 次施用相同肥量 100 千克/公顷。对于缓释氮肥，由于其具有平衡、连续释放肥效的特性，因此可以减少施肥次数，1 次用量则可高达 15 克/米^2。生产上，施肥次数常取决于草坪养护管理水平。每年只施 1 次肥的低养护管理草坪，冷季型于秋季施用，暖季型在初夏施用；中等养护管理的草坪，冷季型在春季与秋季各施肥 1 次，暖季型在春季、仲夏、秋初各施用 1 次即可；高养护管理的草坪，在草坪草快速生长的季节，无论是冷季型还是暖季型最好每月施肥 1 次。

（五）施肥方法

草坪施肥常以追肥（速效无机肥料）方式进行，方法有表施（人手工撒施、机械撒施）和灌溉施肥（叶面喷施）。

1. 表施肥料

表施肥料是采取人手工（均匀施肥，要求工人有较高的技术水平）或施肥机（下落式或旋转式）将颗粒状肥直接撒入草坪内，然后结合灌水，使肥料进入草坪土壤中。表施肥料操作简单，但会造成肥料浪费。肥料损失来源于 4 个方面：草坪草吸收后还来不及利用就被剪去和移走；肥料的挥发作用；由于降水和灌溉的淋洗作用，使养分下移到根系有效吸收层外；土壤固定作用使肥料的利用率只有 1/3 左右。

2. 灌溉施肥

灌溉施肥是把肥料溶解在灌溉水中，经过灌溉系统喷洒到草坪上，一般用于高养护管理草坪（高尔夫球场）。优点是提高了肥效，间接地降低草坪养护费用，缺点是不均匀。

灌溉施肥在干旱地区或肥料养分容易淋失、需要频繁施用化肥的地方非常适用。灌溉施肥后应立即用少量的清水洗掉叶片上的化肥，以防止烧伤叶片，清洗灌溉系统中的化肥以减少腐蚀。

施肥注意事项

（1）施肥要均匀，不使草坪颜色产生花斑（草坪上一片黑、一条绿说明施肥不匀）。

（2）施肥前对草坪进行修剪。

（3）施肥后一般要浇水。

第四节 草坪辅助养护管理

一般情况下，如草种选择得当，通过施肥、灌溉、修剪等常规养护管理措施，即可获得高质量的草坪。如果草坪中出现了过厚的枯草层、土壤板结、纹理等现象，则还需进行镇压、表施土壤、打孔、垂直修剪、划破草皮、梳草等辅助养护管理作业。

一、滚压

滚压是用压辊在草坪上边滚边压。

（一）滚压的作用

促进草坪草的生长发育，同时修饰地面，改善草坪景观。

（二）草坪滚压的方法

人推滚轮重60～200千克（石碾、水泥辊、空心铁轮）；机动滚轮重80～500千克（空心铁轮），空心铁轮内装水或沙，以调节滚轮的重量。

滚压的重量依滚压的次数和目的而异，应避免强度过大造成土壤板结，或强度不够达不到预期效果。如为了修整床面则宜少次重压（200千克），播种后为使种子与土壤紧密接触则宜轻压（50～60千克）。

二、表施土壤

草坪表施土壤是将沙、土壤和有机质适当混合，均匀施入草坪的作业。

（一）表施土壤的作用

1. 控制枯草层

沙、土壤和有机质混入枯草层以后，能改善微生物的生存条件，加强微生物的活动，从而加速枯草层的分解。

2. 平整坪床表面

对凹凸不平的坪床表面，起补低拉平，平整坪床表面的作用，能改善草坪表层土壤的物理性状。

3. 促进草坪草的再生

能促进草坪草的分枝、分蘖，使受伤草坪能尽快恢复。运动场草坪赛后进行表施土壤作业常常能达到良好的效果，许多公园对过度践踏的草坪也采用这种方法来使草坪尽快恢复。

4. 延长草坪绿期

在南方，秋季表施土壤延长了草坪的绿期。在北方，秋季表施土壤能保护细弱草坪越冬（但费用较高）。

5. 保护草坪

一些公园为了保护草坪，常常在游人高峰期前进行表施土壤（通常是施沙）作业，以提高草坪的耐践踏能力。但长期无休止地施沙会出现沙层，影响草坪草生长。

（二）表施土壤的材料

要求施用与原有的草坪土壤相同或相似（沙、土壤、有机质的混合物）的材料，有时也只用沙或有机质。

> **表施土壤的材料要求**
> （1）与原有的草坪土壤无多大差异。
> （2）有机质必须充分腐熟。
> （3）土壤必须过筛（直径 6 毫米）。
> （4）无杂草种子、病菌、害虫卵等有害物质。
> （5）肥料成分含量低。
> （6）含水较少。

（三）表施土壤的方法

1. 表施土壤的机型选择

小面积作业可用人力车推送，铁铲撒开，再用扫把扫平。大面积作业用撒土机撒施。撒土机分大型和小型两种，大型撒土机（拖拉机牵引）撒播宽幅 130～180

厘米，载土量约 2 600 千克；小型撒土机撒播宽幅 100 厘米，载土量约 390 千克，撒播的厚度可由专设的手柄调节。

2. 表施土壤的时间

在草坪草萌芽期或生长期进行最好。冷季型草坪草通常在春季和秋季，暖季型草坪草通常在春末夏初和秋季。

3. 表施土壤的数量和次数

数量和次数应根据草坪使用的目的和草坪草生育特点而定。一般草坪通常 1 年 1 次，高尔夫球场、运动场草坪等则 1 年 2~3 次或更多。施用量通常不超过 0.5 厘米厚（为了控制枯草层，可到 1.5 厘米厚）。

4. 表施土壤的注意事项

材料要干燥、过筛，一定不能带杂草种子、病菌、害虫卵等。要配合其他作业进行。为了避免表施土壤带来的草坪土壤成层问题，最好在表施土壤前进行垂直修剪作业。如表施土壤必须在修剪或施肥后进行，之后必须拖平。

三、打孔

即用打孔机在草坪上打许多孔洞。

（一）打孔的作用及影响

1. 改善土壤通气性

一般，2.5~5.0 厘米土层的土壤是最紧实的，打孔能改善土壤通气性，有利于土壤气体的交换以及有毒气体的释放。

2. 改善土壤的渗透性、供水性和蓄水性

打孔能改善土壤的吸水性和保水性，提高表层紧实或枯草层过厚土壤的渗透能力，加速长期潮湿土壤的干燥。

3. 改善土壤的供肥性和保肥性

打孔能改善草坪对施肥的反应，提高土壤阳离子的交换能力，并改善土壤对养分的保持能力和供给能力。

4. 促进草坪草的生长发育

促进根系的生长发育以及对土壤养分的吸收，促进根系向更深处生长，使草坪草抗旱性增强；促进洞顶上枝条的分枝与生长，使草坪更葱郁；加速枯草层和有机残体的分解，促进草坪草的生长发育。

5. 打孔的不利影响

主要是草坪外观暂时受到影响，同时由于露出了草坪土壤层，可能会造成草坪草的脱水，还会带来杂草以及地下害虫的问题。

（二）打孔的方法

1. 打孔机型的选择

（1）手工打孔机　用于小面积草坪以及一般动力打孔机作业不到的地方（如树根附近、花坛周围及运动场球门杆周围）。

手工打孔机及打孔操作

（2）动力打孔机　小型手扶自走式打孔机（适用于各种草坪的打孔作业），大型拖拉机牵引的打孔机组（适用于大面积草坪的打孔作业）。

一般打孔机的打孔直径在 1～2.5 厘米，孔深随土壤紧实度和打孔设备功率而变，最大可打到 7.6 厘米深（大功率深 8 厘米）。土壤含水量对土壤紧实度影响较大，增加土壤含水量可加深打孔深度。

2. 打孔时间

打孔的最佳时间是草坪生长旺季、恢复力强而且没有逆境胁迫时。冷季型草坪在夏末秋初，暖季型草坪在春末夏初。

打孔注意事项

（1）注意作业时间：打孔容易造成草坪脱水，故夏季一般避免打孔。干热天气打孔后必须立即灌溉。

（2）土壤太干或太湿时，不应进行打孔作业。

（3）打孔应配合其他作业进行。

1）配合施沙作业　通常打孔后或打孔时都进行施沙等作业，当打孔后不用土壤或沙填充时，草坪根系和附近的土壤会很快把孔洞填满，降低打孔的效果。而施沙则可以有效地改善打孔对草坪外观的破坏，同时也使打孔的效果更好更持久。

2）配合拖耙或垂直修剪作业　打孔产生很多土条，移走土条会带来很多问题，所以在大面积草坪上，人们常采用拖耙或垂直修剪等措施把土条原地破碎，这样，一部分土壤回到洞内，其余的土壤留在枯草层内，加速枯草层分解，促进草坪草生长发育。

3）配合施药作业　打孔后施用除草剂和杀虫剂，能有效地控制打孔后杂草和地下害虫的问题。

四、垂直修剪

垂直修剪（机械耙、枯草层清除）借助安装在高速旋转水平轴上的刀片进行，是清除草坪表面枯草层或改进草坪表层通透性的一种养护手段。枯草层是由枯死的根茎叶组成的致密层，堆积在土壤和青草之间，日积月累，阻碍草坪草对水分和养分的吸收。

（一）垂直修剪的意义

1. 提高草坪的平齐性

当刀片安装在上位时，可切掉匍匐枝或匍匐枝上的叶，从而提高草坪的平齐性。

2. 加速枯草层分解

当刀片安装在中位时，可粉碎打孔留下的土条，使土壤重新混合，有助于枯草层的分解。

3. 清除草坪枯草层

当刀片安装在下位时，能有效地清除枯草层，使空气、水分、养分、农药能进入土壤，有利于草坪草根系的吸收，有效地防治病虫害，促进草坪草的生长发育。

4. 改善土壤通透性

刀片深度还可调节，使之刺入土壤中，以达到划破草皮，提高土壤的通气透水性能。

（二）垂直修剪的时间及注意事项

1. 垂直修剪的时间

最适合的时间是草坪草生长旺盛、环境胁迫小、恢复力强的季节。冷季型草坪夏末秋初，暖季型草坪春末夏初。

2. 垂直修剪的注意事项

第一，清除枯草层时会拔出大量活的植株，所以对浅根性的草坪草可能是有害的，操作前，一定要进行必要的试验，以确定适宜的垂直修剪时间、深度、方法等。

第二，垂直修剪后，碎屑积聚，应立即清除，以避免闭光的影响，特别是在炎热的天气条件下。

第三，应在土壤和枯草层干燥时进行，这可使草坪受到的破坏最小，也便于垂直修剪后的管理。

第四，一定要配合其他养护管理措施进行。如深层垂直修剪常随草坪更新一起进行，几次垂直修剪后，为覆播创造了良好的种床。

五、划破草皮

利用圆盘耙上的"V"形刀将草皮划破，深度一般为 7~10 厘米。目的是改善土壤通透性，缓和因践踏引起的土壤板结，从而促进草坪草新枝的产生与发育。划破草皮与打孔相似，但没有土条带出，对草坪破坏很小。在夏季胁迫期间打孔，很可能产生草坪草脱水现象，损伤或破坏草坪。这时，可进行划破草皮作业，有效地改善土壤的通气透水性。划破草皮通常在生长季进行，因对草坪破坏小，所以有必要的话，可以 1 周进行 1 次。

六、梳草

梳草是用梳草机清除草坪枯草层的一项作业，能有效地清除枯草层，使空气、水分、养分、农药能进入土壤，有利于草坪草根系的吸收，有效地防治病虫害，促进草坪草的生长发育。切根梳草机的工作宽度一般为 46~50 厘米，工作深度 0~2.8 厘米。最适合梳草的时间（同垂直修剪）是草坪草生长旺盛、环境胁迫小、恢复力强的季节。冷季型草坪夏末秋初，暖季型草坪春末夏初。

七、草坪染色

（一）草坪染色的作用

第一，用于冬季休眠的暖季型草坪（不覆播黑麦草或其他冷季型草坪草时）的染色，一般可保持一个冬季；第二，装饰生病或褪色的草坪。如比赛前，通过染色装饰一下高尔夫球场或其他运动场草坪；第三，用于草坪标记。

（二）草坪染色的方法

根据染色用途，在秋末冬初或比赛前用喷雾机在草坪干燥、温度 6℃ 以上喷洒效果最好。喷洒时人在前，避免施后践踏，出现不均匀的斑块。喷雾机要求压力足而且喷雾细，以达到均匀一致。如果以前没有施用过，最好事先做小面积试验。

八、拖平

就是用一个重的设备（如钢丝织物）拉过草坪的过程。草坪心土耕作的拖平可粉碎土块并均匀分散到草坪上；中耕后拖平可刷掉粘在草叶上的土，便于剪草并有利于草坪美观；补播后拖平有利于种子萌发和成长；可带起匍匐枝条（包括杂草）便于刈剪。

九、切边

用切边机将草坪的边缘修齐，使之线条清晰，增加景观效应的一种管理措施。通常在草坪旺盛生长时进行。

十、草坪复壮

草坪复壮是对退化的草坪进行恢复。而草坪退化指的是草坪受到人为破坏、使用过度、管理不善或已到正常的衰退期，使草坪局部失去坪用价值。

（一）草坪退化原因

1. 养护管理不善

过度修剪导致草坪退化；过度干旱导致草坪土壤板结；氮素营养过剩、磷钾营养不足导致草坪草抗逆性下降，病虫害严重等。

2. 草坪已到衰退期

草坪使用年限过长，已到正常的衰退期。

3. 草种选择不当

草种选择不当，不能完全适应当地的气候、土壤条件，或不能满足草坪的坪用要求，出现生长发育不良。如运动场草坪选用了耐践踏力不强的草种，使用过程中必然出现草坪衰退现象。

4. 过度使用

过度践踏导致的草坪衰退。公园、住宅区、学校等开放性的草坪以及运动场草坪都容易出现这种情况。

（二）草坪复壮的必要条件

第一，草坪植被由可用选择性除莠剂防治的杂草（夏季一年生禾草和阔叶型草）组成；第二，草坪植被大部分由多年生杂草、禾草组成；第三，由虫害、病害或其他原因严重损害的草坪；第四，芜枝层过厚，土壤表层质地不均一，3～5厘米层严重板结的草坪。

（三）草坪复壮方法

包括更新和修复。对草坪草群落组成的不良演替或表土介质理化性状的严重恶化而引起的退化草坪，进行重新建植的过程叫更新，进行低强度的改良叫修复。

在修复实施之前，应弄清草坪退化的直接原因，对症下药，提出有效改良措施和正确的保养方案。

1. 养护复壮法（草坪修复）

对于养护管理不善造成的草坪退化可对症下药，清除致衰原因，加强全面的超常养护管理。

由于土壤板结造成的草坪退化，通过打孔、垂直修剪等措施加以消除。枯草层过厚引起的草坪草生长不良，进行垂直修剪、梳耙、表施土壤等作业加以改善。杂草丛生影响草坪草生长发育时，可灭杂草。病虫害引起的草坪退化，可用杀虫、杀菌剂来防治。

不管是哪种情况，都要多种养护管理措施配合使用，进行全面的超常养护管理，才能达到草坪复壮的目的。

2. 补种复壮法（草坪更新）

对已经大面积土壤裸露的草坪和寿限将至的草坪，需补播、补植或补铺复壮。

（1）补播　于最佳播种季节，先对草坪进行修剪、打孔等作业，然后撒播原建草坪草种的种子，让种子落在松土上，之后进行表施土壤、灌溉等作业。撒下的种子萌发成新植株后，即形成新老植株并存和交替相继的格局，达到延长草坪使用期限的目的。

（2）补植　先标出需要补植的草坪，用铲子铲除原有草皮，然后翻土、施肥、平整、开沟（一般，沟深 5~8 厘米，沟距 15~20 厘米），将匍匐枝种植在沟里压紧，使匍匐枝与土壤接触良好，最后灌溉。

（3）补铺　先标出需要补铺的草坪，用铲子铲除原有草皮，然后翻土、施肥、平整、滚压（紧实坪床）、铺草皮，最后灌溉、轻轻滚压，使草皮根系与土壤接触良好，之后加强水肥管理，几周后可恢复原有草坪景观。

附：常见问题分析

1. 确定灌溉方案的原则是什么？

（1）灌溉要有利于生长　灌溉必须有利于草坪草根系向土壤深层生长发育，应根据草坪草的需要，在草坪草缺水时进行灌溉。

（2）灌水量要在合理的范围内　单位时间灌水量（灌水强度）不应超过土壤的渗透能力，总灌水量不应超过土壤的田间持水量。

（3）不同土壤要有不同的灌溉方案　对壤土和黏壤土而言，应"每次浇透，干透再浇"，在沙土上，要小水量多次灌溉。

2. 如何确定草坪的灌水量？

影响灌水量的因素主要有草坪草种或品种、草坪养护水平、土壤质地、气候条件等。

而草坪灌溉时，灌水量的确定要用灌溉水浸润土壤的实际深度来确定灌水量。草坪每次的灌水量以湿润到土层的10～15厘米为宜（根系主要分布在10～15厘米以上的土层中）。在北方，冬季灌溉则增加到20～25厘米。还可以根据既定灌溉系统，测定灌溉水渗入土壤额定深度所需的时间，通过控制灌水时间来控制灌水量。一般在草坪草生长季节的干旱期内，每周需补充30～40毫米水，在炎热而干旱的条件下，旺盛生长的草坪每周需补充60毫米或更多的水。

3. 草坪修剪高度不当时，对草坪草会产生什么影响？

（1）修剪过低的效应　修剪时要考虑基部叶片到地面的高度。若修剪高度过低，大量生长点被剪除，使草坪草丧失再生能力。大量叶片被剪除（脱皮），草坪草光合作用能力受到限制，同化作用减弱，养分储备下降，处于亏供状态，根中的营养物质被迫用于植株再生，结果大部分储存养分被消耗，导致根的粗化、浅化，根系减少。必然导致草坪衰败。草坪严重"脱皮"后，将使草坪只留下褐色的残茬和裸露的地面。

（2）修剪过高的效应　修剪高度过高，将产生一种蓬乱、不整洁、浮肿的外观，同时也会因枯枝层密度的增加给管理上带来麻烦。还会导致叶片质地变粗糙，嫩苗会枯萎而顶部弯曲，草坪密度下降。高茬修剪后很难达到人们要求的修剪质量。

4. 影响草坪合理施肥的因素有哪些？

草坪施肥的合理与否和效果好坏，是由养分的供求状况、草坪草对养分的需求特点、环境条件、草坪用途及管理强度、草坪养护管理措施等因素决定的。

5. 草坪表施土壤的作用是什么？

草坪表施土壤是将沙、土壤和有机质适当混合，均匀施入草坪的作业。表施土壤的作用有：①控制枯草层。②平整坪床表面。③促进草坪草的再生。④延长草坪绿期。⑤保护草坪。

复习思考题

1. 草坪草对水分的需求有何要求？
2. 如何设计草坪的灌溉方案？
3. 草坪草对营养有何要求？如何结合坪床土壤情况进行合理施肥？
4. 为何要定期对草坪草进行修剪？如何确定修剪时间和频率？

第四章　草坪杂草防除

【知识目标】

1. 了解草坪杂草的概念、危害及防除的必要性。
2. 熟悉综合防除杂草的一般原理。
3. 了解不同类型除草剂的特性。

【技能目标】

1. 掌握常见草坪杂草的生物学特征和防治方法。
2. 掌握常用草坪除草剂的使用方法。

第一节　草坪杂草概述

一、草坪杂草概念

凡是生长在人工种植的草坪上、除了有意种植的植物以外的任何植物即为杂草。

草坪杂草有时是相对来说的，由于草坪的类型、使用目的、培育程度的不同，草坪草与某些杂草是可以相互转化的。比如剪股颖可以形成良好的草坪，是理想的高尔夫球场草坪草，但在其他类型的草坪中容易形成斑块，需要防治其成为杂草；单纯的白三叶可用作良好的阔叶草坪，但是如果其中混有其他草坪草，哪怕是最好的草坪草，也会被视作杂草。

但对于大多数草本植物来说，由于其本身各方面都不具备草坪草的特点和要求，侵入草坪时能形成强大旺盛的株丛，既影响美观又与草坪草争肥、争水、争光、争空间，大大影响草坪草的生长。因而它们无论在何种情况下，都被视为杂草。如狗尾草、马唐等。

二、草坪杂草类型

1. 依植物形态和对除草剂的敏感性分

可以分为3类，分别为莎草、禾草和阔叶杂草。

（1）阔叶杂草　包括双子叶杂草和单子叶杂草。叶片宽大、有柄，茎多为实心。如车前、蒲公英、藜、反枝苋、马齿苋、荠菜等。

（2）禾草　叶片狭长、叶脉平行，无叶柄。茎圆形或者扁形，分节，节间中空。如马唐、狗尾草等。

（3）莎草　叶片表层有蜡质层，茎三棱形，不分节。如香附子。

2. 按照生育期分

可分为一年生、二年生和多年生杂草。

（1）一年生杂草　春季发芽秋后一次寒霜后死亡，如马唐、牛筋草、反枝苋等。

（2）二年生杂草　又称越年生杂草。夏末或秋天发芽，植物处于没成熟状态，来年春天再进一步营养生长，春末夏初开花和结果，整个生命是跨年度完成。如早熟禾、独行菜、看麦娘等。

（3）多年生杂草　该杂草生长期长，能多年存活，可存活2年以上，如车前、蒲公英等。

三、杂草的危害

（一）杂草危害的方式

1. 与草坪草争夺光、水、肥

阳光是植物进行光合作用的源泉。杂草在蔓延的过程中，往往会遮蔽草坪草，直接妨碍其正常的生长发育。杂草为了自身的生存繁衍会从土壤中吸收大量的养分，使草坪草得不到足够的养分而生长不良。杂草的生长常常会消耗大量的土壤水分，使草坪草的生长受到抑制。

2. 侵占草坪草生长空间

生长茂盛的杂草，它的地上部分会遮挡光线，影响草坪草的光合作用；同时它庞大的地下根系，除了占据地下空间外，有些种类还可以分泌抑制其他植物生长的物质。杂草的存在导致了在同一时间、空间内与草坪草之间的生存竞争。

3. 容易滋生病虫

许多杂草是越冬寄主或中间寄主，比如狗牙根是锈菌、赤霉菌的寄主及蚜虫的越冬寄主；早熟禾是叶蝉、飞虱的越冬寄主。杂草所带的病菌往往是草坪病害的初侵染源。

4. 影响草坪的观赏价值

杂草在草坪上任意着生，植株高低不齐，直接影响到草坪的欣赏效果，观赏价值就会降低。

（二）杂草危害的时期

1. 一年生杂草

此类杂草一般在春季 4～5 月萌发，秋季开花结实，夏季 6～8 月生长旺盛，是主要的危害时期。

2. 二年生杂草

此类杂草一般在 9～10 月种子萌发，以幼苗越冬，第二年春季返青，春末迅速生长，5、6 月开花结实，待种子成熟后枯死。主要危害时期在春、秋季。

3. 多年生杂草

多在春季萌发，夏秋生长旺盛，晚秋至冬季地上部分枯萎。危害时期为 5～8 月。

7～8 月由于气温高，湿度大，适宜于各类杂草生长，因此也是一年当中杂草危害的主要时期。

四、草坪杂草的繁殖特性

1. 繁殖系数高

2. 种子生命力强

马齿苋种子在土壤中 40 年仍具有活力。

3. 繁殖方式多样

有性繁殖（种子繁殖）、无性繁殖（茎、根、块茎繁殖）均可。

4. 适应性强

分布广，耐寒热、旱涝、盐碱、无光、贫瘠等。

五、草坪杂草的发生类型

1. 春季发生型

主要以种子形式，2～3 月萌发的杂草，危害较重，阔叶草、禾草均有发生。

2. 夏季发生型

温度升高并透雨后萌发，7～8 月达高峰，8～9 月开花结实后地上部分死亡。阔叶草、禾草均有大量发生。

3. 秋季发生型

9～10 月萌发生长，11～12 月达高峰期，12 月至翌年 2 月花实后枯死。以阔叶草为主。

4. 冬季发生型

11～12 月萌发生长，幼苗越冬，翌春或夏季开花，结实后枯死。以阔叶草为主。

第二节　草坪杂草的防治方法

一、物理防治

1. 场地清理

（1）深耕　防多年生杂草。草坪地在播种或铺栽前进行耕翻可以将多年生杂草的地下茎切断翻入较深的土层，使之不能萌发出土，减少多年生杂草的发生量。对已出土的一年生或越年生杂草幼苗也可以翻入土中，减轻危害。

（2）耙地　可杀除已萌发的杂草。

2. 浇水

在播种前灌水，提供杂草萌发的条件，让其出苗。待杂草出苗后，喷施灭生性除草剂将其杀灭。早春，杂草还未出苗时，及时灌水促进草坪返青、生长，从而抑制杂草的萌发和生长。

3. 镇压

人工碾压，控制杂草。

4. 人工拔草

及时组织人工拔除杂草。由于草坪化学除草技术不够配套完善，一些多年生杂草、禾本科草坪中的禾草、阔叶草坪中的阔叶草靠化学除草还难以解决，因此，人工拔草仍是草坪最普遍的除草方法。

5. 适时修剪

大多数杂草不耐频繁的修剪。在高尔夫球场草坪草长到 7～8 厘米时，就要进行一次刈剪，留茬高度 6 厘米，以后每隔 3～5 天刈剪 1 次，留茬高度 3～5 厘米。定期刈剪不仅草坪美观，而且可以将草坪中长得比草坪高的杂草的生长点刈除，使杂草不能正常开花结实，起到灭草控草的作用。运动场、高尔夫球场草坪，由于频繁使用及松土、施肥、灌溉等措施，难免使草坪局部受损成"秃斑"，应及时补种草坪种子或铺栽草皮，以免"秃斑"土壤中的杂草种子乘机出土，造成危害。

6. 精选种子，加大播种量

不同草坪草的品种，其对杂草的竞争力有很大差异。冷季型草坪中的匍匐剪股颖对杂草的竞争力优于草地早熟禾和紫羊茅，暖季型草坪中叶片较细的狗牙根品种对杂草的竞争力优于叶片较宽的普通狗牙根，选用竞争力强的草坪草种可以减轻杂草的危害。在播种时加大草坪种子的播种量（或者在混播配方中，加入一定比例的能快速出苗、生长的草种），增加草坪草的密度，可以抑制杂草的滋生危害。如高羊茅种子常规播量为 25～35 克/米^2，可增加到 40～45 克/米^2。

7. 减少杂草种子来源，严格杂草检疫制度

每种杂草都有一定的危害范围，危害草坪的杂草大部分为草坪种植地土壤中原有，有少数是从外地传入。长距离的传播主要靠草坪种子或草皮的调运传入，近距离的传播靠混有杂草种子的没有腐熟的有机肥施入草坪地和灌溉水携带、农机具夹带等。为防止新的杂草种子从外地传入，要严格执行种子检疫措施。

8. 适时播种

如改春、夏播种为秋季播种，草坪苗期禾草的发生量极少，主要是阔叶草，而喷施阔叶除草剂就能防止杂草危害。

二、化学防治

化学防治多应用除草剂，除草剂是指能够有选择性地杀死杂草的有机或无机化学物质。除草剂对草坪草幼苗有较大的副作用。因此，使用前必须搞清除草剂类型、施用剂量、方法，有选择性地应用。

（一）除草剂类型

1. 依其使用方法分

（1）土壤处理型　指用于土表使用或混合土壤处理的一类，这类除草剂被杂草的根、芽鞘或下胚轴等部位吸收而产生药效，如乙草胺、西玛津等。

（2）茎叶处理型　指在杂草出苗后用于杂草茎叶的处理的一类，如草甘膦、2，4-D、百草枯等。

2. 依其作用方式分

（1）接触性除草剂　仅作用于与杂草接触的部位，在植物体内很少传导，所以只限于灭除一年生杂草，对多年生杂草则只杀死地上部分，对地下部分没有影响，仍能继续生长。如除草醚、百草枯、敌稗等。

（2）内吸传导性除草剂　被杂草吸收后能够被植物组织运输到各部位，导致整个植物体死亡。如2，4-D、扑草净、敌草隆等。

3. 依其灭除杂草范围分

（1）灭生性除草剂　这类除草剂对所有的植物都有灭杀效果，除草范围没有选择。如草甘膦、百草枯等，只适用于草坪播种或移栽前进行杂草的防治，或用于路边荒地的杂草去除。

（2）选择性除草剂　大多数除草剂对杂草的灭除范围具有选择性，对草坪草安全，而对杂草有很强的灭杀效果。如2，4-D，只灭杀阔叶杂草，对禾本科草坪是安全的；禾草克只对早熟禾、双穗雀稗等有药效，而对白三叶、马蹄金等双子叶草坪草安全。

4. 依其化学结构分

（1）无机除草剂　是一类无机化合物，其作用特点是选择性差，用量多，防效一般。如氯酸钠、氰酸钠等。

（2）有机除草剂　是一类有机化合物，其作用特点是选择性强、用量少、防效高，应该推广使用。如苯氧羧酸类（2，4-D、二甲四氯）、酰胺类（丁草胺、乙草胺）、三氮苯类（西玛津）、有机磷类（草甘膦）、芳氧苯氧丙酸类（精唑禾草灵）、联苯哌类（百草枯）等。

（二）我国常用的草坪除草剂

1. 2，4-D类

是典型的选择性除草剂。能杀死双子叶杂草，对单子叶植物安全。

2. 西玛津、扑草净、敌草隆类

主要是对土壤起封闭作用。当药液均匀分布于土表后，犹如在地表上罩上了一张毒网，可抑制杂草的萌生或杀死萌生的杂草幼苗。

3. 草甘膦、百草枯类

是一类灭生性除草剂。它们对任何植物均具杀伤作用，主要用于建坪前的坪床处理。

（三）除草剂使用的注意事项

第一，草坪杂草数量大，出草期长，杂草的防除应以杂草苗前或苗后早期施药为主，不仅效果好，而且防除主动，节省成本。杂草生长期辅以茎叶处理，消灭残留杂草和后出土的杂草。

第二，草坪杂草种类多，使用的除草剂应杀草谱广，并适当使用灭生性和内吸性强的除草剂，消灭多年生杂草。

第三，草坪位于城区，是人们休闲的场所，所以除草剂要毒性低、无异味，挥发性及飘移性要小，对周围的花卉、树木不造成危害，对环境安全。

（四）除草剂的使用方法

1. 叶面喷洒

将药直接喷洒到植物体表面上，通过植物吸收起到灭杀作用。一般在杂草出苗后进行，处理时药剂要均匀喷洒到叶片、茎秆上。

（1）用药和时间选择　选择对人畜安全、选择性强的除草剂，喷洒时间应选择晴朗无风的天气进行，喷洒后遇到下雨应重新喷洒。

（2）具体操作　操作时应尽量放低喷药高度，以免药雾随风飘洒，造成对其他植物的伤害和环境污染。可湿性粉剂配成的药液，为防止药剂沉淀和堵塞喷头，要边搅拌边喷洒。水剂和乳剂类型的除草剂用水稀释后可直接喷洒，对于一些叶表面有蜡质的杂草，可加入 0.1% 左右的洗衣粉、乳化剂或增效剂等增加效果。

2. 土壤处理

将各种除草剂通过不同的方式施入到土壤中，使一定厚度的土壤含有药剂，通过杂草种子、幼苗等对药剂吸收而杀死杂草。进行土壤处理，对于大多数杂草来说防治效果会更好，且省工、省时、减少污染、操作简单。

（1）用药时间　一般在草坪播种前或初播种后进行。

（2）具体方法

1）喷雾法　与叶面喷药相同，均匀喷洒在土壤表面，注意避免漏喷或重喷。草坪面积较小时，可用喷壶直接喷洒，但需水量较大，一般 7 500～15 000 千克/公顷。

2）施放毒土　把除草剂和一定量的细土或细沙按比例均匀混合成毒土，撒于草坪地，或与草坪种子（选择使用的除草剂对草坪草应该是安全的）一起播撒。毒土拌好后需要放置一段时间，待药剂完全被土吸收后再撒。毒土用量一般为

450~600千克/公顷，也可以根据毒土中的药剂含量来确定用量。

3）使用载体　把除草剂和某些固体混合，制成颗粒状制剂，撒施或用机械施放。这种颗粒制剂施放方便，残效期长，不污染环境。

（五）如何正确使用除草剂

1. 选择正确的除草剂

除草剂的使用要依据杂草种类和草坪草的类型，选择正确的品种、使用方法和使用量。

2. 混合应用要合理

有些除草剂可以混合到一起使用，混合后药效有明显的增加，而有些除草剂混合后反而会降低药效。如敌稗和2，4-D混合，具有明显的增效功能；草甘膦和2，4-D混合则会降低药效。

3. 用药时间恰当

使用除草剂时，使用时间也直接影响药效。一般而言，使用趁早，药效会好。杂草长到4叶以上时，会对除草剂产生一定的抗性，不利于防治。气温高时，杂草出苗早，用药宜早不宜迟；气温低时，可以稍晚些。禾本科类杂草在2叶期，阔叶杂草在3叶期，也就是在杂草危害发生前，草坪草已有足够的抗药性时为最好。

4. 交替用药

除草剂在使用过程中，避免在同一草坪中长期使用同一种除草剂，否则，杂草会对除草剂产生抗性。一种除草剂使用一段时间后，应该换一种除草剂交替使用，或者对能够混合的除草剂混合用药，才能达到应有的除杂效果。

三、草坪杂草的综合防治

（一）一年生杂草（禾草、莎草）的防治

对于一年生杂草，应抓住5~6月、7~8月这两个杂草发生高峰期的种子萌发前，适时选用两次芽前除草剂进行土壤处理，把杂草消灭在萌芽中，避免杂草与草坪草共生，为草坪草生长提供良好的无杂草生长环境。

草坪杂草芽前除草剂使用一览表

除草剂	防治对象	耐药的草坪草	纯药剂量（千克/公顷）
氟草胺	马唐、稗、金色狗尾草、牛筋草、蒿蓄、早熟禾、马齿苋、藜藜草、粟米草等	草地早熟禾、黑麦草、假俭草、草地羊茅草、细叶羊茅草、结缕草、狗牙根	2.25~3.38

除草剂	防治对象	耐药的草坪草	纯药剂量（千克/公顷）
地散磷	马唐、稗、金色狗尾草、藜属、早熟禾、荠菜、宝盖菜	草地早熟禾、黑麦草、假俭草、细叶羊茅草、结缕草、狗牙根、匍匐剪股颖、匍匐马蹄金、邵氏雀稗、小糠草	8.44～11.25
敌草隆	马唐、稗、金色狗尾草、早熟禾、地锦、飞扬草	草地早熟禾、狗牙根、羊茅等	11.25～16.88
草乃敌	稗、一年生早熟禾、繁缕、马唐、止血马唐、牛筋草、萹蓄、酸模、莎草、马齿苋	匍匐马蹄金	2.03～3.38
呋草黄	马唐、早熟禾、稗、金色狗尾草、繁缕、马齿苋	黑麦草、休眠狗牙根	0.84～1.68
灭草隆	一年生禾草、白车轴草、酢浆草、马唐	匍匐马蹄金	1.13
恶草灵	牛筋草、马唐、早熟禾、稗、马齿苋、碎米荠、藜、婆婆纳、臭荠、酢浆草	黑麦草、草地早熟禾、狗牙根、钝叶草、草地羊茅、结缕草	2.25～4.50
五氯酚低剂量	马唐、看麦娘、稗、早熟禾、蓼、繁缕	草地早熟禾、黑麦草、羊茅、狗牙根、钝叶草、假俭草、邵氏雀稗、结缕草	1.69
五氯酚高剂量	马唐、看麦娘、稗、早熟禾、白车轴草、蓼、酢浆草、苋、宝盖草	狗牙根、邵氏雀稗、钝叶草、结缕草、草地羊茅、假俭草	3.38
环草隆	马唐、看麦娘、稗	草地早熟禾、草地羊茅、黑麦草、鸭茅、匍匐剪股颖、细叶剪股颖、无芒稗	6.75～13.50
西玛津	早熟禾、小苜蓿、马唐、蓼、苋、宝盖草、婆婆纳、耕地车轴草、稗、金色狗尾草	狗牙根、钝叶草、结缕草、假俭草	1.50～3.00
旱草丹	马唐、看麦娘、早熟禾、石竹科杂草、莎草科杂草	除剪股颖外所有草坪	6.00～7.50
芽根灵	马唐、止血马唐、婆婆纳、一年生早熟禾	狗牙根、草地早熟禾	4.95～10.05
黄草伏	一年生杂草、香附子	草地早熟禾、草地羊茅、黑麦草、结缕草、假俭草、细叶羊茅、钝叶草、狗牙根	2.25～4.50
甲基杀草隆	莎草科	草地早熟禾、黑麦草、假俭草、狗牙根、结缕草、钝叶草	1.05～4.05
环草隆	马唐、止血马唐、金色狗尾草、稗	不能用于剪股颖和狗牙根草坪	2.10～4.95

续表

除草剂	防治对象	耐药的草坪草	纯药剂量（千克/公顷）
敌稗	稗、马唐、马齿苋、看麦娘、牛筋草、苋、蓼	美洲雀稗、草地早熟禾、野牛草、假俭草、多花黑麦草、苇状羊茅、钝叶草、结缕草	2.25~4.50
除草隆	马唐、牛筋草、狗尾草、灰菜等	马尼拉草、结缕草	1.88~2.80
乙草胺	牛筋草、马唐、苋、灰菜	马尼拉草、结缕草	0.75~1.13

1. 播种后出苗前土壤处理

在播种后出苗前，可施用除草剂进行土壤处理，防止杂草发生。常用的有环草隆（不能用于狗牙根和剪股颖）、地散磷（不能用于早熟禾）、恶草灵（不能用于羊茅和剪股颖）等。在豆科草坪播后苗前，可用二甲戊乐灵、甲草胺、异丙甲草胺等除草剂来防治一年生禾草和小粒种子阔叶草。播后苗前施用除草剂的风险性大，极易出现药害。选用的除草剂应根据草坪的种类和环境条件来确定，在大面积施用前应先试验，取得成功后再用。

2. 生长期土壤处理

在草坪休眠期或初春土温回升至 13~15℃ 时，草坪灌水开始返青，结合施用芽前除草剂防治。常用除草剂有丁草胺、异丙甲草胺、杀草丹、甲草胺、氟草胺、恶草灵、萘丙酰草胺、扑草净（不能用于阔叶草草坪）等，一般持效期 30~50 天。

3. 生长期茎叶处理

对于马唐、一年生早熟禾等，如果错过芽前除草剂的防治，可采用骠马等芽后除草剂进行控制。需要注意的是杂草宜小，即在杂草 3~4 叶期使用，草坪草宜大，即在草坪草 4 叶期以上或成熟草坪上使用。

草坪杂草芽后除草剂使用一览表

除草剂	防治的杂草	耐药的草坪草	有效成分用量（千克/公顷）	说明
甲胂钠	马唐、止血马唐、金色狗尾草、毛花雀稗、香附子、莎草	不能用于钝叶草、假俭草、剪股颖、细叶羊茅	2.10~4.20	对成熟马唐用量要大；5~10天间隔，喷2~3次；温度低于30℃时使用；常导致草坪短期变黄、褪色
甲胂一钠	马唐、毛花雀稗、香附子	不能用于钝叶草、结缕草、剪股颖、紫羊茅、匍匐马蹄金	2.10~4.20	气温低于30℃时使用；大多数草坪对该药比对甲胂钠更敏感
CSMA	马唐、毛花雀稗、香附子	用于剪股颖、匍匐马蹄金、细叶羊茅时用量要低，对钝叶草、羊茅草和剪股颖的某些品种有伤害	2.25~5.63	气温低于30℃时使用；成熟杂草要每隔5~10天重复使用；草坪草可能会出现暂时失绿或变黄

续表

除草剂	防治的杂草	耐药的草坪草	有效成分用量 （千克/公顷）	说明
拿草特	早熟禾、莎草、野燕麦	狗牙根	0.53～2.10	用于芽前、芽后对早熟禾等杂草进行防治
骠马	马唐、牛筋草、稗、看麦娘、黍属、假高粱	草地早熟禾、黑麦草、细叶羊茅、草地羊茅、早熟禾	0.12～0.30	应用于2次分蘖前，不能用于少于1年的草地早熟禾；不能与其他除草剂混用
磺草灵	看麦娘、野燕麦、雀麦、马唐、稗、蓼、酸模、萹蓄	钝叶草	0.98～4.50	干旱及湿热天气不宜用药
莠去津	一年生禾草、阔叶草	钝叶草、结缕草、假俭草	1.05～1.95	芽前和芽后施药均可
草多索	一年生早熟禾	禾本科草坪	0.98～4.95	可与二甲四氯混用

（二）多年生杂草（禾草、莎草）的防治

多年生禾草与草坪草极为相似，所导致的草害问题相当突出，防治也麻烦，特别是在冷季型草坪上。此类杂草的防除，除参照防治一年生杂草的芽前土壤处理法外，主要以非选择性除草剂进行播种前处理及草坪休眠期处理，生长期则采用内吸性除草剂以定向处理茎叶为主。

1. 播种前茎叶处理

在草坪建植前采用灭生性的除草剂，如草甘膦（10%水剂、41%水剂、74%颗粒剂）、百草枯等进行茎叶喷雾，防治建植地的杂草，特别是多年生杂草，可大大减少杂草种子来源。

2. 生长期茎叶处理

根据草坪类型选用选择性除草剂，如在阔叶草坪上防治禾草，可选用烯禾定、吡氟氯草灵、吡氟禾草灵等；防治禾本科草坪上的阔叶草，可选用2，4－D、快灭灵（F8426）、氯氟吡氧化乙酸等。

（三）阔叶杂草的防治

阔叶杂草种类繁多，可以参照前面所述一年生杂草、多年生杂草的防治，另外可采用多种茎叶处理剂进行处理。阔叶杂草与草坪草差异较大，可选用2，4－D、麦草畏等多种药剂防治。

2，4－D、麦草畏等防治阔叶杂草的除草剂，是一类除禾草外对所有双子叶植物有杀除作用的化学药物，一旦喷施到草坪周边其他植物上，会引起广泛的植物中

毒，因此在使用时应特别小心。

在使用除草剂过程中，特定草坪可选用的除草剂非常有限，同一除草剂对一些草坪安全而对另一些草坪则不安全，同一草坪的不同品种对某种除草剂的敏感程度也不一样。另外，外界环境条件、施药时草坪的生长状况等都会影响到草坪对除草剂的敏感性。因此，在草坪化学除草应用中，必须遵守先试验、后推广应用的原则，谨慎使用，以免发生药害。

四、常见草坪杂草及防治

（本节图片部分来自中国植物图像库）

我国地域辽阔，因地理和气候条件的不同，草坪杂草的种类也不同。河南主要的杂草有马唐、马齿苋、牛筋草、香附子、狗牙根、一年蓬、小蓬草、葎草、车前、蒲公英、茅、麦家公、麦瓶草、萹蓄、天胡荽、酢浆草、白茅、画眉草、藜、碎米莎草、稗、狗尾草、打碗花、菟丝子、婆婆纳等。下面就河南境内草坪常见杂草的识别、防治情况进行详细介绍。

1. **萹蓄（别名鸟蓼、扁竹、扁蓄）**

（1）识别要点 蓼科一年生草本。全草布地而生呈匍匐状，枝叶繁茂；茎圆柱形，节部稍膨大，节间长约 3 厘米，形似钗股；叶互生，披针形，近无柄，狭椭圆形或披针形，托叶鞘白色；花小，常数朵簇生于叶腋，花暗绿色，缘带白色或淡红色。具托叶鞘。

萹蓄

（2）治理对策 人工防治、化学防治、机械防治、生态防治。

2. **藜（别名灰菜、灰条菜、落藜、灰藜、大叶灰菜）**

（1）识别要点 黎科一年生草本。茎有棱和纵条纹。叶互生，具长柄，菱状卵形或菱状三角形，边缘有不整齐的浅裂牙齿，两面均披有粉粒。圆锥花序，花簇生，小，黄绿色。

藜

（2）治理对策　①土壤处理为主要的防除措施，二甲戊灵、氟乐灵、仲丁灵等二硝基苯胺类除草剂为优选土壤处理剂，可以加入乙氧氟草醚以保障防除效果。②可选用二苯醚类触杀型的化合物如乙羧氟草醚、三氟羧草醚等茎叶处理。天气干旱的情况下，叶表面蜡质层加厚，需要加入有机硅以增强药效。

3.香附子（别名莎草、回头青、三棱草、旱三棱、三棱子）

属莎草科多年生杂草。是一种世界性危害较大的恶性杂草之一。

（1）识别要点　具有较长的棋盘式的匍匐根状茎和块根，在土层中形成一个网状的群体，秆散生，直立，高20～90厘米，锐三棱形，无毛。叶基生，短于秆，叶宽2～5毫米，深绿色，有光泽，无毛，叶背中脉突出，叶鞘基部棕色。

香附子

（2）治理对策　①深翻香附子的块根。②草坪播种、建植前采用广谱灭生性的除草剂百草枯、草甘膦杀灭。③禾本科草坪中的香附子可以采用专用除草剂。采用两次喷药法，使叶面重复受药，以便有足够药剂吸收送到地下根状茎中致其死亡。防治时间应选在6～7月，当年新的植株已有6～7叶，而新的块根还未形成，正处于旺盛生长阶段。防治后，新生植株死亡，前一年的块根上的潜伏芽又会再次萌芽长出新苗。由于香附子的种子休眠程度不同，每年都有部分发芽生长，那时可以再次用药，直至彻底根除为止。

4.碎米莎草（别名三方草）

（1）识别要点　一年生草本，无根状茎，具须根。秆丛生，细弱或稍粗壮，高8～85厘米，扁三棱形，基部具少数叶，叶短于秆，宽2～5毫米，平张或折合，叶鞘红棕色或棕紫色。

碎米莎草

（2）治理对策 ①对密度不是很大的地块可在抽穗以前采用人工挑除，阻止种子入地。②大面积危害的地块，可以在6~7月分蘖盛期选用专用除草剂细致周全喷洒到碎米莎草的正反两面叶上。由于该草对药剂的敏感度较高，一次不死可再补喷一次，直至死亡。

5. 狗尾草（别名绿狗尾草、绿毛莠、香茅子、毛莠莠、毛毛狗、莠、谷莠子）属世界性恶性杂草。

（1）识别要点 一年生。根为须状，高大植株具支持根。秆直立或基部膝曲，叶片扁平，长三角状狭披针形或线状披针形，先端渐尖，基部钝圆形，几呈截状或渐窄，通常无毛或疏被疣毛，边缘粗糙。圆锥花序紧密呈圆柱状或基部稍疏离，直立或稍弯垂，通常绿色或褐黄到紫红或紫色。

狗尾草

与狗尾草相似的有大狗尾草和金色狗尾草。

大狗尾草。其与狗尾草高大植株的类型近似，但花序垂头。其小穗长约3毫米，先端尖。成熟后背部明显膨胀隆起。

金色狗尾草，秆基部常节外生根，刚毛金黄色或稍带褐色，长达8毫米，叶片较短宽而质厚。

（2）治理对策 ①人工拔除。②禾本科草坪之中，结合轧剪草坪将狗尾草所抽生的穗轧去，阻止它开花结实，这项工作持续期为6~10月，特别是8~9月。③狗尾草幼苗在4~5叶期以内，用除草剂。由于它发芽的周期拉得很长，一次喷药是不够的，要2~3次药剂防治，可达目的。

6. 马齿苋（别名马苋、五行草、长命菜、五方草、瓜子菜、麻绳菜、马齿草、马苋菜、蚂蚱菜、马齿菜、瓜米菜、马蛇子菜、蚂蚁菜、猪母菜、瓠子菜、狮岳菜、酸菜、五行菜、猪肥菜）

（1）识别要点　马齿苋科一年生肉质草本。全株无毛，茎平卧或斜倚，伏地铺散，多分枝，圆柱形，长10～15厘米淡绿色或带暗红色。叶互生，有时近对生，叶片扁平，肥厚，倒卵形，似马齿状，顶端圆钝或平截，有时微凹，基部楔形，全缘，上面暗绿色，下面淡绿色或带暗红色，中脉微隆起；叶柄粗短，花无梗，常3～5朵簇生枝端，午时盛开，花瓣5朵，黄色。

马齿苋

（2）治理对策　①由于马齿苋的再生能力极强，人工除草要将残枝、根茎带出原地。②可以用阔叶除草剂防除。③治理的措施须在花期以前，防止新生种子落地。④尽量少翻动表土，避免下层的种子重见天日。

7. 牛筋草（别名蟋蟀草、油葫芦草、官司草、牛顿草）

为世界性恶性杂草之一。

（1）识别要点　一年生草本。根系极发达，秆丛生，基部倾斜。叶鞘两侧压扁而具脊，松弛，无毛或疏生疣毛；穗状花序2～7个，指状着生于秆顶，很少单生，囊果卵形，基部下凹，具明显的波状皱纹。

牛筋草

（2）治理对策　7月以前人工挑除、4叶期前后采用选择性化学除草剂灭杀。

8. 马唐（别名抓地草、鸡爪草、面条筋、红水草、叉子草）

一年生世界性恶性杂草，常与狗尾草、画眉草等一起危害，是夜蛾类的寄主。

（1）识别要点　禾本科马唐属，一年生草本。秆直立或下部倾斜，膝曲上升，无毛或节生柔毛。叶鞘短于节间，无毛或散生疣基柔毛；总状花序成指状着生于长1～2厘米的主轴上；穗轴直伸或开展，两侧具宽翼，边缘粗糙。

（2）治理对策　参考狗尾草的治理方案。

马唐

9. 稗（别名稗子、稗草）

（1）识别要点 禾本科稗属，一年生。秆高50～150厘米，光滑无毛，基部倾斜或膝曲。叶鞘疏松裹秆，平滑无毛。圆锥花序直立，近尖塔形，长6～20厘米；主轴具棱，粗糙或具疣基长刺毛；分枝斜上举或贴向主轴，有时再分小枝。

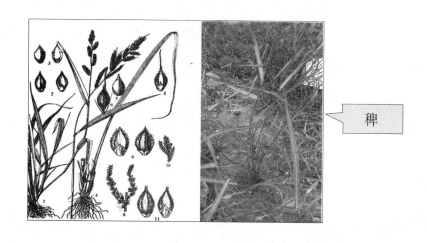

稗

（2）治理对策 可参照牛筋草、狗尾草的治理方案。对于低龄稗草，防治药剂较多，如乙草胺、丙草胺、丁草胺、二甲戊灵等做土壤封闭。茎叶处理可用二氯喹啉酸、五氟磺草胺等，由于稗草发生密度大，除了化学防治，还应做好生物防治、物理防治等。

10. 画眉草（别名蚊子草、细毛画眉草、星星草）

（1）识别要点 属禾本科一年生杂草。株高50～130厘米，分蘖数一般仅有3～4秆丛生，须根庞大；茎丛生，光滑无毛。叶片主脉明显，叶片狭条形，叶鞘具脊。圆锥花序较开展，颖果椭圆形、骨质、有光泽。

（2）治理对策 可参照牛筋草、狗尾草的治理方案。

画眉草

11. 荩草（别名竹叶草）

（1）识别要点　属禾本科一年生草本。种子于5月初出苗，6月出苗高峰，出苗常群集在母株原地。叶短而宽，具明显的波状皱纹，茎基部紫红色。成株秆细弱，多分枝，基部倾斜，着地后节易生根，高30~45厘米。叶片卵状披针形，总状花序2~10枚呈指状排列或簇生于秆顶；此草在草坪上因人为踩踏和机械剪轧的原因常塌地呈盘形。

荩草

（2）治理对策　可参照狗尾草的治理方案。

12. 狗牙根（别名拌根草、马拌草、草板筋、行仪芒、爬根草、铁线草）

（1）识别要点　属禾本科多年生杂草。多生于路边、荒滩，是杂草中的强者，为世界性的恶性杂草之一。匍匐茎和种子繁殖。匍匐茎具有分枝，茎圆或略扁，质硬，光滑，每节的节下均能生根，两侧生芽，直立部分可达10~20厘米，生长势极强。

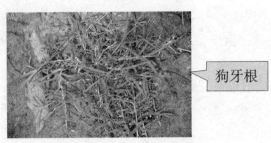

狗牙根

（2）治理对策　狗牙根可以采用专用除草剂喷杀。

13. 白茅（别名茅草、茅根、茅柴、甜根草、茅针、丝毛草）

（1）识别要点　秆丛生，直立，高20~80厘米，具2~3节，节具白色长柔毛。叶片条形或条状披针形，多集结于基部，叶背主脉明显突出，顶生叶片较小，长1～3厘米，宽1～2毫米。叶鞘无毛或上部边缘和鞘口具纤毛，老熟时基部常破碎成纤维状，叶舌膜质，钝头，长约1毫米。圆锥花序圆柱状，分枝短而密集。

（2）治理对策 ①播种、建植前深翻，尽可能将茅根切碎，越短越好，将根深埋于地下。②成型草坪中，可以采用灭生性除草剂喷杀，连草坪一起整块杀死后，草坪若属匍匐型，匍匐茎不久即能伸延长满；若属直立型，可以用种子补播，暖地型的补播工作可在4月进行，冷地型的则可在9月用种子补播。③如果是在草坪中发生初期有零星生长，可以采用灭生性

白茅

除草剂，人工涂抹将少量的白茅植株清除。④做好清园工作，将环境内的白茅全部清除，防止种子随风飞散。

14. 打碗花（别名小旋花、喇叭花、狗儿秧、扶子苗）

（1）识别要点 属旋花科多年生蔓性杂草。横向走茎白色，能长达数米。较粗壮，多分布于土壤耕作层中，质脆易断，每个断体茎都能长出1至数个新的植株。在光照条件好的地方，茎基部分枝较多；在光照条件欠佳之处，往往单茎直上，到受光之处再长出分枝，茎缠绕和匍匐生长，有细棱，光滑无毛，绿色，但近地面的基部呈暗紫红色。叶互生，具长柄；花1～3朵腋生，花梗细长，有棱；花冠漏斗状，粉红色，直径2～2.5厘米。

（2）治理对策 ①根芽繁殖能力极强，根质脆易断，用人工挖除很难除清，只要漏留一小段断根，根段即能生根发芽，长成独立的新株。人工挖除，往往助其繁殖。除非能够彻底挖尽。如果有少量断根的新株发生，可采用除草剂配合治理。②它对专用除草剂都很敏感，如果药后少量复发，可以待茎叶有一定面

打碗花

积之后，再次用药，直到杀灭为止。③使用除草剂最好在花期以前（5～10月），防止种子入土。

15. 菟丝子（别名无娘藤、中国菟丝子、金丝藤、黄丝、无根草、金线草）

（1）识别要点 属旋花科一年生寄生性杂草。苗细丝状，黄色，成株茎长达2米以上，多分枝；无叶或退化成鳞片状。花多数簇生成球形，通常2个并生；花冠杯状，白色，壶形或钟形。

菟丝子

（2）治理对策　①加强对菟丝子的检疫，在购买种苗时必须到苗圃地上去实地查看，以免将检疫对象带入。在购买盆花或苗木时也应注意防止菟丝子带入。②对已经传入的菟丝子，可以人工拔除其叶、叶柄和残茎，置于水泥地上晒干，以防再次寄生。只要清除的时间是在菟丝子开花结实以前，并且清除得干净彻底，在地上又没有休眠状态的种子，是可以一次将其清除的，否则难以奏效。③对一些珍贵的苗木，不宜采用杀头去顶的方式去处理，可以用鲁保1号真菌孢子喷洒到菟丝子茎上，使孢子在菟丝子体内寄生，最后由真菌杀死菟丝子。④对那些每年都要反复发生，而且有大量菟丝子休眠种子的地上，可以改种狗牙根，利用植物间的生化他感效应来控制菟丝子的危害。⑤对那些空白地或高大木本植物地（无地被植物），可在菟丝子种子萌发季节（温度在15~40℃），在萌芽的初期使用除草剂，将其喷杀在寄主关系建立以前。

16. 葎草（别名拉拉藤、锯锯藤、葛麻藤）

（1）识别要点　属桑科一年生蔓性杂草。多分布在城乡结合部的路旁、沟边，待建的荒地或新建的绿地草坪中。常群生攀援于乔、灌木上，使种植的植物处于高度的遮光而"饥饿"死亡。

葎草

（2）治理对策　这种杂草生长迅速，个体庞大，在竞争中具有很大的优势，能很快占据所在的生态位，将其他植物挤出领地。而且它的茎枝、叶柄上密布倒刺，很易给皮肤造成伤害。但由于其种子生活期仅有一年，虽然个体较大，只能近距离传播，再加上叶片与叶柄均有毛，受药的条件较好，很容易用除草剂杀死，只要当年治理妥善，次年就不再发生。

17. 地锦（别名红丝草、奶疳草、铺地红、血见愁、雀儿卧蛋）

（1）识别要点 属大戟科一年生伏地草本。该草极耐干旱，在高温之季常借干旱之机，占领其生态位。全草有毒。

地锦

（2）治理对策 ①地锦明显危害的季节，均在高温时节，该草虽是伏地而生，但仅有主根系，节部不生不定根，人工挑除很易进行，时间宜在花期之前，以防种子入土。②在花期以前用阔叶除草剂进行叶面喷洒。由于地锦叶面具有蜡层，药液不易展布黏着，可以在药液中追加中性洗洁精，以助其在叶面展布，达到吸收致死的目的，但要随加随喷。

18. 乌蔹莓（别名五爪龙、野葡萄）

（1）识别要点 属葡萄科多年生植物。草质藤本，茎缠绕延伸具分枝和卷须，叶为鸟足状复叶，小叶5片，椭圆形至狭卵形，先端急尖或短渐尖，边缘有疏锯齿。

乌蔹莓

（2）治理对策 以人工防除为主，采用割、扯、拔、挖等措施。采用化学防除，效果极佳，但对阔叶类的草坪需待乌蔹莓攀满之后，将药喷在乌蔹莓的叶片上。必须尽可能避免阔叶类植物的叶片受药。

19. 天胡荽（别名眼星草、满天星、落得打）

（1）识别要点 属伞形科多年生草本。茎细长而匍匐和草坪匍匐茎交织混生。节间的长度常与草坪的密度相关，草坪密茂节间就长，节节长根。叶互生，圆形或肾形，不裂或5～7掌状浅裂，叶柄的长度也常和草坪的厚度有关，叶面始终在草坪之上。伞形花序腋生，有小花 10~20 朵，花梗近等长，均生于花轴的顶端，略呈球状，花白色。花序始终与草坪等高。

天胡荽

（2）治理对策　①建坪时，采购草坪种苗时到苗地验收，防止天胡荽在草坪中带入。②建坪后，发现草坪中有天胡荽，即使是数量很少，也要在开花以前将其消灭在萌芽状态。③切忌人工挑除，由于天胡荽的匍匐茎是和草坪的匍匐茎成网状交织在一起，而且它的节间很长，每节均能生根，要完整挑出一株天胡荽，对草坪的破坏很大，如果漏下一节，很快就会长成可以开花结实的新株。被破坏的植被部位，很快又会长出其他的杂草，会造成一个恶性的循环。④可以采用化学除草剂喷杀，一年喷药三次，第一次在开花以前，第二次在梅雨季节结束之时，第三次可安排在 10 月中旬，一方面可以杀灭新的天胡荽植株，另一方面又能阻止新的种子下地。⑤加强草坪的培育管理，增加草坪草的密度。

20. 车前（别名车轱辘菜、猪耳朵、车前子、车前草）

（1）识别要点　属车前草科多年生杂草。初生叶椭圆形至长椭圆形，主脉明显，先端锐尖，基部渐狭至柄，柄长，叶片及叶柄具短柔毛。叶基生，具长柄，叶片卵形或宽卵形，边缘有不整齐的波状疏松钝齿或全缘，两面无毛或有短柔毛。

车前

（2）治理对策　①车前虽是多年生杂草，但它的根茎短，须根无再生能力，很容易用人工挑除。②采用化学除草剂。③防治之后，仍需注意种子萌芽，在几年内都可能有新苗发生。

21. 蒲公英（别名黄花地丁、婆婆丁、奶汁草、苦菜、满地金）

（1）识别要点　植株含白色乳汁。单一或顶生头状花序，长约 3.5 厘米，生于中空的花柄顶端。总苞片草质，绿色，部分淡红色或紫红色，先端小角有或无，有白色细毛状如蛛丝。花舌状，鲜黄色，先端平截，5 齿裂。

蒲公英

（2）治理对策　草坪修剪不能防治蒲公英，挖根可除掉蒲公英，但极为费工，效率低。施用阔叶除草剂，如 2，4 - D 为常规方法。秋季施用 2，4 - D 的效果为好。

22. 荠（别名荠菜、荠荠菜、菱角菜）

（1）识别要点　属十字花科越年生或一年生杂草。除了 12 月、1～2 月的严寒季节以及 8 月酷热的季节极少或不发生以外，其余各月均有发生，以春、秋两季发生量大，特别是 10 月上、中旬出现出苗高峰期。幼苗子叶 2 片，长椭圆形。初生叶 2 片，卵形。灰绿色，先端钝圆，具长柄。苗期叶丛生，有星状毛，叶羽状分裂，提琴状羽裂或不整齐羽裂，有时不分裂，裂片有锯齿，具柄，柄上常带狭翅。叶互生，无柄；叶片披针形至长圆形，边缘常有不规则的缺刻或锯齿，基部耳状抱茎。

荠

（2）治理对策　采用药剂进行土壤封闭处理，是防治荠菜的关键性措施。使用恶草酮与二甲戊灵的复配剂进行土壤处理，使用内吸性磺酰胺类唑嘧磺草胺除草剂进行土壤处理或茎叶处理，采用唑草酮、吡草醚之类的触杀型除草剂进行茎叶处理。

23. 酢浆草（别名黄花酢浆草、酸味草、醋母草、水晶花、蒲爪酸、酸溜溜）

（1）识别要点　属酢浆草科多年生草本。初生叶1片，三出复叶互生，叶柄细长；小叶倒心形，叶片正中叶脉突出，无柄。茎匍匐或斜上，高10～30厘米，节部着地生根。

酢浆草

（2）治理对策　酢浆草的防治参照地锦的治理措施。

24. 麦家公（别名大紫草、田紫草、毛妮菜）

（1）识别要点　属紫草科越年生或一年生杂草。幼苗除子叶外全体被毛。叶条状披针形，长7～12毫米，宽2～3毫米，先端渐尖，基部渐狭，具柄，茎自基部或上部分枝，直立或斜上，高20～40厘米，密生粗硬毛，略显条棱。在6叶期以前叶片对生，7叶后叶互生，条状针形、倒披针形或条状倒披针形。

麦家公

（2）治理对策　①可采用人工挑草。②可采用除草剂清除。③麦家公的抗药性是在分枝以后，植株越大，抗药的能力越强，故药剂防治适合分两段进行，秋苗宜在冬前停止出苗以前的12月进行，一次防治可将秋季发生的该草全部清除。春苗的防治期可选在3月下旬进行。两次防治即能控制全年的麦家公的危害。

25. 麦瓶草（别名面条棵、麦瓶草、净瓶、米瓦罐、香炉草、梅花瓶）

（1）识别要点　石竹科麦瓶草属一年生草本，高25～60厘米，全株被短腺毛。根为主根系，稍木质。茎单生，直立，不分枝。基生叶片匙形，茎生叶叶片长圆形或披针形，基部楔形，顶端渐尖，两面被短柔毛，边缘具缘毛，中脉明显。

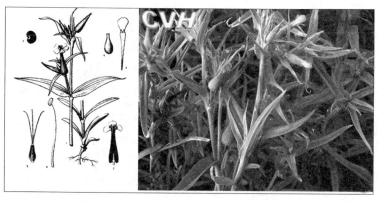

麦瓶草

（2）治理对策　①人工拔除。②化学除草剂：春季施药，用除草剂10%苯磺隆可湿性粉剂7.5～15克/亩，加水30～35千克喷雾；秋季一般用10%苯磺隆可湿性粉剂5～7.5克/亩，加水25～30千克喷雾。

26. 小蓬草（别名小白酒草、加拿大蓬、小蒸草、小飞蓬、狼尾巴蒿）

（1）识别要点　属菊科越年生或一年生杂草。幼苗除了叶外全体被毛；初生叶椭圆形，全缘，先端突尖，基部楔形，具柄；后生叶簇生，椭圆形至长椭圆状披针形，全缘或有疏钝齿。茎直立，高50～100厘米，淡绿色，有细条纹及粗糙毛，上部多分枝，茎生叶互生，条状披针形或长圆状条形，边缘具微锯齿或全缘。花期7～9月。头状花序具短梗，多数密集成圆锥状或伞房状圆锥状，种子于8月即渐次成熟随风飞散。

小蓬草

（2）治理对策　①少量可人工拔除。②数量多，可用除草剂除之。防治必须要选择在4～6叶期，植株过大，对药剂的敏感度会下降。特别说明，百草枯对于该种杂草无效。

27. 一年蓬（别名千层塔、蓬头草、治疟草、野蒿）

（1）识别要点　属菊科一年生或越年生草本杂草。幼苗除子叶外全身被短毛；茎直立，高30～70厘米，上部有分枝。基生叶长圆形或宽卵形，边缘有粗齿，基部渐狭成具翅的叶柄；中上部叶较小，长圆状披针形或披针形，边缘有不规则的齿裂，具短柄或近无柄；最上部的叶条形，全缘。花果期6～8月。头状花序排列成伞房状或圆锥状；边花舌状，白色或淡蓝色；心花筒状，黄色。种子于6月渐次成熟，果实具有特殊的冠毛，借风飞扬，作远程传播，是不易被人控制的杂草之一。

（2）治理对策　一年蓬的治理对策可参照小蓬草。

一年蓬

28. 猪殃殃（别名拉拉秧、锯锯藤、涩拐殃）

（1）识别要点　越年生草本，多于冬前出苗，亦可在早春出苗；花期 4 月，果期 5 月。果实落于土壤或随收获的作物种子传播。枝多蔓生或攀援状，茎四棱形，被倒钩刺，叶片线状或倒披针形；聚伞花序腋生或顶生，果实小，表面密生钩刺，能生长在各种条件的土壤中。

猪殃殃

（2）治理对策　使用触杀型的吡草醚、唑草酮，适当与苯磺隆混用。内吸性的药剂有氯氟吡氧乙酸和唑嘧磺草胺，低温条件下见效较慢。防治的最佳时期在冬前个体没有分枝以前，一旦开始分枝出现，基本上大部分药剂的效果都会受到很明显的影响。

29. 刺儿菜（别名野红花、小刺盖、刺菜、猫蓟、青刺蓟、千针草、刺蓟菜、青青菜、蒌蒌菜、枪刀菜、野红花、刺角菜、木刺艾、刺杆菜、刺刺芽、刺杀草、荠荠毛、小恶鸡婆、刺萝卜、小蓟姆、刺儿草、牛戳刺、刺尖头草、七七牙）

（1）识别要点　多年生草本，具匍匐根状茎，可产生不定根、不定芽，茎直立，有纵沟，有些具蛛丝状毛，叶椭圆形或长椭圆披针形，全缘或有齿裂，有刺，被蛛丝状毛；紫红色头状花序，雌雄异株。常分布在较旱的地方。

刺儿菜

（2）治理对策　用唑酮草酯或吡草醚触杀型除草剂在刚刚萌生的时候，进行茎叶处理。

30. 苣荬菜（别名曲荬菜）

（1）识别要点 基生叶簇生，具柄；茎生叶互生，无柄，基部抱茎；叶片宽披针形或长圆状披针形，长6~20厘米，宽1~3厘米，叶缘有稀缺刻或羽状浅裂，边缘有尖齿，两面无毛，绿色或蓝绿色，幼时常带紫红色，中脉白色，宽而明显。实生苗子叶2片，椭圆形或阔椭圆形，绿色；初生叶1片，阔椭圆形，紫红色，叶缘具齿，无毛，具短柄；当年只进行营养生长，第二、三年才抽茎开花。

苣荬菜

（2）治理对策 ①土壤处理为主，可用的药剂有酰胺类除草剂，二硝基苯胺类除草剂。②对于单独聚生或群体，可以使用百草枯或草甘膦进行茎叶处理。

31. 繁缕

（1）识别要点 一或二年生草本。幼苗淡绿色；初生叶2片，对生，三角状卵形，长5~6毫米，宽约4毫米，柄较长，有毛。茎直立或平卧，高10~30厘米，基部多分枝，着土后节处生根，茎的一侧有一列短柔毛（是该草独具的特征），其余部分均无毛。叶对生，卵形，先端急尖，基部渐狭或近心形，全缘，茎下部叶有长柄，上部叶无柄。花白色单生于叶腋或顶生疏散的聚伞花序；

繁缕

花梗细长，花后不下垂或稍下垂；种子繁殖。果实成熟后即开裂，种子近圆形，径长约1毫米，两侧扁。种子散落土壤。

（2）治理对策 使用异丙隆做土壤处理，也可以使用草除灵、吡草醚、唑草酮、乙羧氟草醚在后期进行茎叶处理。

32. 播娘蒿（又名大蒜芥、米米蒿、眉毛蒿）

（1）识别要点 一年生或二年生草本。全株有分叉毛，茎直立，上部多分枝；幼苗子叶长椭圆形，初生叶2片、3~5裂，后生叶2回羽状分裂。成株叶互生，下部叶有柄，上部叶无柄，叶片2~3回羽状深裂，最终的裂片条形。总状花序，顶生，花淡黄色，十字形。长角果窄条形或线形。种子长圆形或卵形，黄褐色或红褐色，有细网纹；种子繁殖，多为10月出苗，翌年4~6月为花、果期。

播娘蒿

（2）治理对策　①人工挑草。②可以使用百草敌或二甲四氯进行茎叶处理。③草坪种植前使用乙氧氟草醚进行土壤处理。

33. 苍耳（别名粘头婆、苍耳子、老苍子、道人头、刺儿棵）

（1）识别要点　菊科一年生草本，高可达1米。叶卵状三角形，顶端尖，基部浅心形至阔楔形，边缘有不规则的锯齿或常成不明显的3浅裂，两面有贴生糙伏毛；叶柄长3.5~10厘米，密被细毛。

苍耳

（2）治理对策　采用除草剂灭草松、恶草灵、乳氟禾草灵、扑草净、绿麦隆、氟磺胺草醚、西玛津等治理。

34. 泽漆（别名五朵云、猫儿眼草、奶浆草、漆茎、五凤草）

（1）识别要点　大戟科一年生草本。根纤细，长7~10厘米，直径3~5毫米，下部分枝。茎直立，单一或自基部多分枝，分枝斜展向上，高10~30厘米，光滑无毛。叶互生，倒卵形或匙形，先端具牙齿，中部以下渐狭或呈楔形；总苞叶5枚，倒卵状长圆形，长3~4厘米，宽8~14毫米，先端具牙齿，基部略渐狭，无柄；总伞幅5枚，长2~4厘米；花果期4~10月。

（2）治理对策　①人工拔除、刈割。②除草剂。

泽漆

附：常见问题分析

1. 草坪杂草对草坪都有哪些影响？

（1）与草坪争水、肥等　杂草适应性强，根系庞大，耗费水肥能力极强。据河南省农业科学院2004~2005年的测定结果，草坪在5~7月的耗水量约为54千克/米^2，而杂草藜和猪殃殃在密植的情况下，每平方米在同期的耗水量约为72千克和103千克。

（2）侵占地上和地下部空间，影响草坪光合作用　杂草种子数量远远高于草坪草的播种量，杂草的生长速度也远高于草坪草的生长速度，加上出苗早，很容易形成草荒，毁掉草坪。

（3）杂草是草坪病虫害的中间寄主　比如狗牙根是锈菌、赤霉菌的寄主，杂草所带的病菌往往是草坪病害的初侵染源。

（4）增加养护管理成本　杂草越多，需要花费在防除杂草上的人力、财力也越多。如人工拔草，以郑州为例，按照杂草数量为草坪面积的20%，一天拔掉667平方米（1亩）的草坪杂草需要投入8个工，在杂草生长季节需要拔草6~8次才能确保草坪的纯度，大大增加了草坪管理成本。

（5）影响草坪的品质和观赏效果　在杂草生长季节，杂草比草坪草生长迅速，使得草坪看起来参差不齐；在霜降来临后，杂草先行死亡，草坪出现大片斑秃，并一直延续到翌年，成为新杂草生长的有利空间。

（6）影响人畜健康　鬼针草的种子容易刺入人的衣服，较难拔掉，刺入皮肤容易发炎；苣荬菜、泽漆的茎含有丰富的白色汁液，碰断后一旦沾到衣服上很难清洗；蒺藜的种子容易刺伤人的皮肤；一些人对豚草（破布草）的花粉过敏，患者会出现哮喘、鼻炎、类似荨麻疹等症状；苍耳的种子、毛茛的茎被牲畜误食后容易中毒等。

2. 一年生、二年生、多年生杂草有什么区别？

一年生杂草春季发芽秋后一次寒霜后死亡，生命周期在一年内完成。如马唐、牛筋草、反枝苋等。二年生杂草（越年生杂草）是夏末或秋天发芽，植物处于没成熟状态，来年春天再进一步营养生长，春末夏初开花和结果，整个生命是跨年度完成。如早熟禾、独行菜、看麦娘等。多年生杂草生长期长，可存活两年以上。如车前、蒲公英等。

3. 什么是选择性除草剂和灭生性除草剂？如何应用？

（1）选择性除草剂　这类除草剂在一定范围内，能杀死杂草，而对作物无害或毒害很低。如苯磺隆、2，4-D、二甲四氯、麦草畏、灭草松、燕麦畏、敌稗、吡氟禾草灵等，敌稗只对稗草、牛毛毡、马唐、狗尾草、看麦娘等杂草有效。使用时要注意防除对象和植物种类，避免产生药害。除草剂的选择性是相对的，只有在一定的剂量下，对某些作物的特定生长期是安全的。使用剂量过大或在作物敏感期使用同样会影响到草坪草的生长和发育，甚至完全杀死草坪草。如2，4－D只对禾谷类作物安全，对阔叶草杀伤作用很大，在很低的剂量下，就可以导致敏感的作物发生药害。

（2）灭生性除草剂　这类除草剂对所有植物（包括草坪草和杂草）都有毒害作用，如草甘膦、百草枯等。灭生性除草剂主要用在非耕地或草坪草出苗前杀灭杂草，在草坪生长季节施用（尽可能不用），必须用带防护罩的喷雾器，对杂草定向喷雾，防止除草剂喷到草坪草上。

4. 草坪中的阔叶杂草都可以用2，4－D防除吗？

大多数草坪中的阔叶杂草都可以用非选择性除草剂2，4－D杀除，但钝叶草对2，4－D敏感，如果钝叶草中的阔叶杂草也用2，4－D杀除，必然会伤害草坪草，因此，钝叶草草坪中的阔叶杂草不能用2，4－D。

5. 草坪建植中，坪床准备时需对杂草进行清理，一般使用非选择性除草剂如茅草枯、草甘膦等来杀除所有杂草。施用这些非选择性除草剂后能立即进行播种吗？

不能。因为这些除草剂施入后，在土壤中都有一定的残效期，如果施用后立即播种，会影响种子的萌发和出苗，进而影响草坪草的生长和成坪。一般来说，应在施用除草剂后一周或更长的时间后才能播种。

6. 如何提前预防杂草蔓延？

春季是杂草萌发或返青进入旺盛生长的时期，所以当草坪草返青后，杂草在地上部分生长空间的占据上处于优势。杂草的繁殖和成熟速度非常快，所以，春季正是杂草萌动或幼小多汁时期，也是进行防除的最佳时间，可用人工拔除，也可化学防除。

对于早春草坪草未返青前便已出现的杂草，可用百草枯处理，草坪草返青后出现的阔叶类杂草幼苗，用2，4－D类除草剂（5～12克/100米²）、百草敌（2～6克/100米²）、二甲四氯（5～10克/100米²）或溴苯胺（3～6克/100米²）进行控制。对于禾本科杂草，用乙丁氟氮（15～21克/100米²）、恶草灵（25～40克/100米²，对剪股颖有毒）、地散磷（20～30克/100米²）、环己隆（25～40克/100米²，对剪股颖有毒）等颗粒型除草剂在杂草未出土前施用，用药后灌水，一般5月和6月各进行一次，便可基本控制杂草发生。

7. 如何配制除草剂药液？

大部分液体草坪除草剂均可采用直接稀释法，对一些用量特别低的除草剂，特别是一些可湿性粉剂，则需采用二次稀释法。

将需喷的除草剂可湿性粉剂放在一个干净的器皿中，向其中注入极少量的净水，不要立即搅拌。稍等片刻，粉剂会在水中自动溶解，然后再加大约 10 倍的水，搅匀，就配成了母液。按一定比例的药液量，兑水稀释，配成药液喷雾。

此外，在配制除草剂药液时，要用清洁的河水或自来水，不可用污浊的沟水或塘水。否则，会降低药效或产生药害。为防止在喷雾过程中的阻塞，提倡在喷雾器的出水口放置滤网。

药液最好随配随用，配好的混剂若暂时不用，在喷雾之前须充分摇晃。

8. 配制草坪除草剂的程序是什么？

有人在喷了除草剂后发现不是无效，就是有药害，其主要原因之一就是在配制除草剂药液时忽视了必要的程序。正确的配制程序是：

加水──▶加除草剂摇匀──▶加水摇匀

稀释配制草坪除草剂，先在喷雾器中注入所需水量的一半（注水口应有滤网），然后将所需药量的液体草坪除草剂或母液徐徐倒入喷雾器中，充分摇晃或搅动，使之混合均匀，再将另一半水徐徐倒入喷雾器中，再充分摇晃或搅动，使之混合均匀，待用。原因是常用的手动喷雾器吸取药液的吸口在喷雾器的底部，如果先向空的喷雾器中倒入除草剂药粉后加水，药剂不能在水中均匀溶解，结果将导致喷药量少的地方除草效果差，喷药量多的地方对草坪产生药害。

如果两种以上除草剂混用，配制时也应当先将各自的药剂配成母液待用，在有滤网的喷雾器中注入所需水量的一半，然后将所需药量的两种母液徐徐倒入喷雾器中，充分摇晃或搅动，使之混合均匀，再将另一半水徐徐倒入喷雾器中，再充分摇晃或搅动，使之混合均匀。

复习思考题

1. 草坪杂草的危害有哪些？

2. 如何综合防治草坪杂草？

3. 除草剂有哪些类型？如何正确应用除草剂？

4. 当地草坪常见杂草有哪些？

第五章　草坪病虫害防治

【知识目标】

1. 了解草坪病虫害的症状。
2. 了解草坪常见病虫害的危害特点。

【技能目标】

1. 能够识别常见草坪病虫害。
2. 掌握常见草坪病虫害防治的方法。

第一节　草坪病害与防治

一、草坪病害概述

草坪病害指草坪草受到病原生物或不良环境作用时，发生一系列的生理生化、组织结构和外部形态的变化，其正常的生理功能下降、生长受阻甚至死亡，破坏草坪景观效果并造成经济损失的现象。

依据草坪病害的性质和致病原因不同，可分为生理性病害和侵染性病害。

生理性病害由不良的环境条件引起，如物理或化学的非生物因素引起，包括土壤内缺乏草坪必需的营养，营养元素的供给比例失调；水分失调；温度不适；光照过强或不足；土壤盐碱伤害；环境污染产生的一些有毒物质或有害气体等。无传染现象，也称为非侵染性病害。

侵染性病害是由生物因素（病原）寄生引起的，有明显的传染现象，侵染性病原主要包括真菌、细菌、病毒、类病毒、类菌质体、线虫等，其中以真菌病害的发生较为严重。

二、草坪病害的症状

症状是草坪草生病后可以用肉眼看到的不正常表现也就是病态。症状由病状和病征组成。草坪草本身的不正常表现就是病状，发病部位的病原物的表现就是病征。草坪草生病后一定会出现病状，但不一定会有病征。生理病害和病毒病就只有病状没有病征，真菌和细菌病害有明显的病征。症状对于每一种草坪草都有一定的特异性和稳定性，所以症状是病害诊断的重要依据。

1. 病状

常见的草坪草病害病状分为5类：变色、坏死、腐烂、萎蔫、畸形。

（1）变色　发病部位的细胞组织没有死亡，只是颜色发生变化。变色多发生在草坪草叶片上，比如黄化、白化、红化、银叶、花叶、斑驳、明脉。

（2）坏死　发病部位的细胞组织已经死亡，但仍保持原有细胞和组织的外形轮廓。常见的斑点、病斑，虽然形状、颜色、大小可能不同，但是一般都具有明显的边缘。这是草坪草病害症状的主要类型之一。

（3）腐烂　发病部位较大面积的死亡和细胞解体。草坪草的各个部位都有可能发生腐烂，幼苗或多肉的组织更容易发生。如禾草芽腐、根腐等。

（4）萎蔫　各种原因引起茎基部坏死、根部腐烂或根的生理功能失调引起的草坪草萎蔫。如匍匐剪股颖细菌性萎蔫等。

（5）畸形　整株或部分组织生长过度或不足，表现为全株或部分器官呈不正常表现。如禾草线虫病可导致植物体生长矮小、根短、毛根多、根上肿瘤等。

2. 病征

病征主要类型有6类：霉状物（如霜霉病）、粉状物（如白粉病、黑粉病）、锈状物（如禾草锈病）、点（粒）状物（如炭疽病的黑色点状物）、线（丝）状物（如禾草的白绢病）、溢脓（如细菌性萎蔫病）等。

三、草坪草病害发生的具体原因

1. 草坪的抗病性

单一种植感病草种或品种，常是病害大发生的主要原因。长期种植单一抗病品种有利于病原菌的积累，对某些病害的抗病性可能减低以致"丧失"。

2. 病原的数量和致病性

越冬（越夏）菌原数量多，发病重。病原的群体可能有致病性分化，此时对草坪草有较强致病性的类群起决定性作用。

3. 环境条件

气象、土壤和栽培管理条件对病原、草坪草以及相互关系都有复杂的影响。对于茎叶部病害，温度、湿度、雨量和雨日数等常是关键发病因素。土壤质地、理化性质、肥力、水分以及植物根微生物等与根病发生有密切关系。植物遭受冻害、冷害、旱害或渍害后可能导致特定病害的异常发生。栽培管理因素，诸如建坪地点、播种时间、植株密度、水肥管理、修剪、草坪更新等对病害的发展都有直接或间接影响。

4. 种子、草源本身带病

不但危害种子本身，也是许多草坪病害传播的重要方式之一。

5. 栽培管理不当

这是草坪病害发生的主要原因之一。草坪草营养失衡是主要的一方面。

首先，草坪的施肥管理还是按照传统的以氮肥为主的方法进行，结果土质中氮肥含量过多，磷钾肥含量不足，导致土壤营养元素失衡。过多使用氮肥会导致草坪草旺而不壮，使得草坪草抗性降低，容易发病。其次，草坪草土壤利用率高，一年种植2~3茬草坪，部分地区甚至达到4茬，长期的高频率的利用土地，有机肥严重不足，导致土质恶化。再次，由于草坪基地的草坪在出售时要铲去5厘米左右的土壤，长期出售草坪使得土壤逐渐被铲走，铲走的土壤都是经过长期耕作的熟土，结果不得不对生土重新耕作，生土中的营养不全，使得草坪草营养失衡，抗性降低。

上述这些情况，对草坪草的生长发育有很大影响，十分不利于草坪草的健康生长。

四、草坪病害的预防

草坪病害重在预防，利用管理措施预防草坪病害是非常重要的。应采取以下几项措施：

1. 选用经过检疫的抗病品种

种植草坪时应选择抗病性强、适应当地气候的草坪草种和品种。提倡采用不同草种混播的方法建植草坪，同一种草坪草的不同品种的混合播种也有利于抑制草坪病害的扩散。

2. 土壤消毒

土壤消毒可消灭土壤中存在的病菌和害虫。一般有药剂消毒和蒸汽消毒两种方法。可根据具体情况选用。

3. 种苗处理

在播种时，用种子干重的 0.1% ~ 0.2% 多菌灵或百菌清拌种，或用 0.5% 的福尔马林拌种 1.5 小时，这样既能杀死种子表面的病菌，又能消灭种子周围土内的病菌，减少幼苗染病率。

4. 科学施肥

草坪施肥时尽量不要单一使用氮肥，要使用氮、磷、钾配比合理的复合肥，有条件的地方可以进行配方施肥，同时可以使用有机肥。保持肥料元素的正常供给可减少草坪病害的发生。

5. 合理管理

修剪时遵循 1/3 的修剪原则；浇水时避免傍晚浇水，减少发病概率。

6. 使用生长调节剂促壮

在草坪草出苗 10 天时，使用速成卷进行喷雾，不但能够促使草坪草根系下扎，提高草坪草的抗逆能力，同时可以促进草坪草快速成卷。

7. 药剂预防

在草坪病害高发季节来临前，注意喷施保护性杀菌剂如护坪丹、多菌灵等，每 10 ~ 15 天一次；在高温高湿草坪病害高发季节，注意观察，一旦发病，立即选择对路的治疗性杀菌剂如甲基托布津、甲霜灵、百菌清、杀毒矾等进行防治。同时注意轮换用药防止产生抗药性。喷克、喷克菌、阿米西达、醚菌酯等杀菌剂对真菌引起的草坪病害有特效。

8. 适当灌溉及排水

草坪灌溉不宜在温暖的傍晚进行。因此在草坪建植时，要有一定的排水措施。

9. 及时处理被害植株

要经常检查草坪草生长情况，发现感病植株要及时拔除深埋或烧毁。同时对残茬及落地的病叶、枯叶等，应及时清除烧掉。

10. 调节播种期

许多病害的发生，因温度、湿度及其他环境条件的影响而有一定的发病期，并在某一时期最为严重，如果提早或延后播种，可以避开发病期，达到减轻危害的目的。

11. 及时除草、消灭害虫

杂草不仅与草坪草争夺生存条件，而且还是病菌繁殖的场所。而病毒及一些病菌是靠昆虫传播的，因此应及时清除杂草，消灭害虫，可以有效防止或减少病害的传播。

五、草坪草常见病害综合防治

（一）综合防治措施

药物防治是防病最直接的办法，治病应以防为主，主动打药。重点打好以下几次药：

1. 封地后

浇完冻水后，应打一次药。这一次用药的目的是杀死越冬的病原体，减少来年的病害。这次打药量大，可自己熬制石硫合剂或配制波尔多液，成本低，效果好。

2. 返青期

草坪草返青时，草尖幼嫩，容易感染病毒，这时应打一次保护性杀菌剂，以防止越年病菌对草坪草的感染。

3. 病害初期

"五一"前后，温度急剧上升，病菌开始繁殖。典型的症状是草坪地上有直径6～10厘米，大小像蜘蛛网似的菌丝，这时应立即打药，将病害消灭在萌芽中。这期间如果气候干燥，没有菌丝体，就不要打药。

4. 高温高湿期

此期是病虫害高发季节，是防病治病的关键时期，应主动打药，每修剪完一次就打一次药。连续大雾的天气应全面喷药，大雨过后，也应立即打药，并且一次打完。有时晚打一天就可能引发病害大暴发。这段时间应将药备足，设备保持在最佳状态。

5. 针对病斑施药

这是控制病害扩散的有效办法，针对绵腐病、褐斑病等明显病斑，每天早上用药喷洗病斑，或用纱布装上药粉，敲撒在病斑上，是打药不及时的一种补充手段。打药时选药很重要，在草坪草未发病时，最好用保护性药剂。保护性药剂主要有：百菌清、代森锌、代森锰锌。草坪草在病害期间，应以治疗性药剂为主，主要有：多菌灵、敌锈钠、三唑酮、甲基托布津、乙基托布津、退菌特、福美双等。

（二）主要草坪病害防治

1. 褐斑病（立枯丝核病菌综合征）

（1）寄主　所有草坪草，尤以冷季型草坪禾草最重。

（2）发病原因　褐斑病主要发生在5～9月。当土壤温度高于20℃，气温在30℃左右时，病害开始发生。高温高湿是其发病的必要条件，过量施用氮肥、环境不通风、枯草层过厚等也是重要的发病诱因。

（3）主要症状　是比较常见的一种真菌病害。当草坪比较低矮，空气湿度大，天气温暖时，受立枯丝核菌侵染的草坪，开始出现病斑，病斑发展迅速，从最初的几厘米可达到30厘米。受害草坪常出现凹陷的症状，形成环形斑，又称蛙眼斑。

被侵染的叶片首先出现水浸状，颜色变暗、变深，最终干枯、萎蔫，呈浅褐色。在暖湿条件下，枯草斑有暗绿色至灰褐色的浸润性边缘，系由萎蔫的新病株组成，称为"烟状圈"，在清晨有露水时或高温条件下，这种现象比较明显。留茬较高的草坪则出现圆形枯草斑，无"烟状圈"症状。在干燥条件下，枯草斑直径可达30厘米，枯草斑中央的病株较边缘病株恢复得快，结果其中央呈绿色，边缘为黄褐色环带。有时病株散生于草坪中，无明显枯黄斑。草坪草染上该病，草死后会被藻类所代替，使地面形成蓝色硬皮。

高羊茅褐斑病

结缕草褐斑病

草地早熟禾褐斑病

（4）防治方法　①栽培技术措施：避免傍晚浇水，在草坪出现枯斑时，应尽量使草坪草叶片上夜间无水。平衡施肥，草坪土壤中氮肥含量过高会使褐斑病发生严重。及时修剪，夏季及时地进行草坪修剪，但不要修剪过低。②药剂防治：拌种药剂有五氯硝基苯、代森锰锌、百菌清、甲基托布津等。发病初期效果较好的药剂有：代森锰锌、百菌清、甲基托布津等。可以喷雾使用，也可以灌根防治。发病时使用波尔多液或25%多菌灵可湿粉剂500倍液，70%甲基托布津可湿粉剂1 000～1 500倍液，50%退菌特可湿性粉剂1 000倍液等。

2. 腐霉病

（1）寄主　冷季型草坪。

（2）主要症状　种子萌发和出土时受害出现芽腐、苗腐和幼苗猝倒。发病轻的幼苗叶片变黄、稍矮，此后症状可能消失。成株期根部受侵染，产生褐色腐烂斑块，根系发育不良，病株发育迟缓，分蘖减少，底部叶片变黄，草坪稀疏。在高温高湿条件下，草坪受害常导致根部、根茎部和茎、叶变褐腐烂，草坪上出现直径 2～5 厘米圆形黄褐色枯草斑。

（3）诱发因素　草坪土壤贫瘠，有机质含量低，缺磷，氮肥施用过量，低凹积水，高温高湿，通气性差等，都是该病的诱发因素。主要危害期在 6 月中旬至 9 月中旬的高温高湿季节。

草坪腐霉病症状

（4）防治方法 ①改善草坪立地条件。建植草坪之前应平整土地，黏重土壤需改良。避免雨后积水。②合理灌水。控制灌水量，减少灌水次数，降低草坪小气候相对湿度。③加强草坪管理。枯草层厚度超过1.5厘米后及时清除，高温季节避免剪湿草，防止病菌传播。④化学防治。土壤和种子处理：建坪前应对土壤进行处理，和药剂拌种或种子包衣。每100平方米用75%敌克松50～150倍液拌细土3～4.5千克，撒施土壤中，或用64%杀毒矾600倍液喷坪面，或用58%甲霜灵锰锌600倍液喷坪面，也可用上述药剂进行种子包衣或药剂拌种，一般用量为种子量的0.2%～0.4%。喷雾：幼坪应及时喷施代森锰锌500倍液＋甲基托布津1 000倍液，高温季节要及时使用杀菌剂控制病害，提倡药剂混合使用或交替使用。可用代森锰锌＋甲霜灵、代森锰锌＋杀毒矾＋乙膦铝、甲霜灵＋杀毒矾、甲霜灵＋杀毒矾＋乙膦铝混合使用，多菌灵单独使用，浓度均为500～1 000倍液，每次间隔7～10天。

3. 夏季斑枯病

夏季斑枯病又称夏季斑或夏季环斑病，是一种严重的真菌性病害。可以侵染多种冷季型禾草（其中以草地早熟禾受害最重），造成整株死亡，使草坪出现大小不等的秃斑，严重影响草坪景观。

（1）寄主 冷季型草坪。

（2）主要症状 夏季高温高湿时发生在冷季型草坪草上，尤其在生长较密的草地早熟禾草坪上，典型症状在夏初开始表现，最初为枯黄色圆形小斑块（直径3～8厘米），以后逐渐扩大成为圆形或马蹄形枯草圈，直径大多不超过40厘米（最大时也可达80厘米）。多个病斑接合成片，形成大面积的不规则形枯草区。

典型病株根部、根冠部和根状茎黑褐色，后期维管束也变成褐色，外皮层腐烂，整株死亡。病组织上还有网状稀疏、深褐色至黑色的外生菌丝。将病草根部冲洗干净，在显微镜下可见平行于根部生长的暗褐色匍匐状外生菌丝，有时还可见到黑褐色不规则聚集体结构。

（3）发病规律 当夏季持续高温（白天高温达28℃～35℃，夜间温度超过20℃）时，病害就会迅速发生。据田间观察，当5厘米土层温度达到18.3℃时病菌就开始进行侵染，此时只是侵染根的外部皮层细胞。以后，随着炎热多雨天气的出现，或一段时间大量降雨或暴雨之后又遇高温的天气，病害开始明显显现并很快扩展蔓延，造成草坪出现大小不等的秃斑。这种病斑不断扩大的现象，可一直持续到初秋。由于秃斑内枯草不能恢复，因此在下一个生长季节秃斑依然明显。另外，高温潮湿、排水不良、土壤紧实、低修剪、频繁的浅层灌溉等都会加重病害，使用砷酸盐除草剂、速效氮肥和某些接触传导型杀菌剂也会加重病害。据报道，土壤干旱以及pH值大小一般与发病关系不大。

（4）防治方法 ①科学养护。夏季斑是一种根部病害，所以凡是能促进根生长的措施都可减轻病害的发生。避免低修剪（一般不低于5～6厘米），特别是高温期，最好用缓释氮肥。深灌水，尽可能减少灌溉次数。打孔、梳草、通风，改善排水条件，减轻土壤紧实度，均有利于控制病害。②选用抗病草种（品种）或抗病草种（品种）混合种植。不同草种间抗病性的表现为：多年生黑麦草＞高羊茅＞匍匐剪股颖＞硬羊茅＞草地早熟禾。③及时进行化学防治。建植时要进行药剂拌种、种子包衣或土壤处理。选用0.2%～0.3%（种子量）的草病灵3号、2号、4号，代森锰锌，甲基托布津等拌种，或用溴甲烷、棉隆等熏蒸剂处理土壤，均有较好效果。成坪草坪的茎叶喷雾或灌根，关键在春末或夏初（土温稳定在18～20℃时）的首次施药，选择阿米西达，草病灵3号、2号、4号，天达2116，敌力脱，代森锰锌，甲基托布津等药剂500～1 000倍液喷雾或灌根，其中以阿米西达防病效果最佳。

4. 镰刀菌枯萎病

（1）寄主　冷季型草坪。

（2）发病条件　高温、湿度过高或过低、光照强、氮肥施用过量、枯草层太厚、pH值大于7.0或小于5.0。

（3）主要症状　病草坪初现淡绿色小型病草斑，随后很快变为黄枯色，在干热条件下，病草枯死。枯黄斑圆形或不规则形，直径2～30厘米，斑内植株几乎全部都发生根腐和基腐。病株还能产生叶斑，叶斑主要生于老叶和叶鞘上，不规则形，初现水渍状墨绿色，后变枯黄色至褐色，有红褐色边缘，外缘枯黄色。发病较轻时，幼苗黄瘦，发育不良。潮湿时，根颈和茎基部叶鞘与茎秆间生有白色至淡红色菌丝体和分生孢子团。

（4）防治方法　①种植抗病、耐病品种。②栽培管理措施：增施磷钾肥，控制氮肥用量，减少灌溉次数，清除枯草层。③于发病初期，喷施50%多菌灵500倍液，25%的苯来特500倍液，或喷甲基托布津、百菌清等广谱杀菌剂进行防治。

5. 白粉病

（1）寄主　早熟禾、细羊茅和狗牙根等。

（2）发病条件　品种感病、管理不善、氮肥施用过多、植株密度过大、灌水不当、环境郁蔽、光照不足时发病较重。

（3）主要症状　叶面出现白色霉点，后逐渐扩大成近圆形、椭圆形霉斑，起初为白色，后变污灰色、灰褐色。霉斑表面着生一层白色粉状物质。

（4）防治方法　种植抗病品种，加强栽培管理，减少氮肥用量或与磷钾肥配合使用；降低种植密度，减少草坪周围乔、灌木的遮阴，以利于草坪通风透光；降低草坪湿度，适度灌水，避免草坪过旱；对已感病的草提前修剪，减少再侵染源。使用多菌灵、甲基托布津进行防治。

6. 锈病

锈病是分布较广的一类病害，主要危害草坪草的叶片和叶鞘，也侵染茎秆和穗部。锈病种类很多，因菌落的形状、大小、色泽、着生特点而分为叶锈病、秆锈病、条锈病和冠锈病。

（1）寄主 ①草地早熟禾：秆锈病，条锈病，叶锈病。②苇状羊茅、黑麦草：冠锈病。③狗牙根：锈病。④结缕草：锈病。

（2）主要症状 危害草坪植株绿色部分，病部形成黄褐色的菌落，散出铁锈状物质。

（3）发病条件 草坪密度高、遮阳、灌水不当、排水不畅、低凹积水均利于发病。

（4）防治方法 ①栽培技术：在许多情况下使用适量的氮肥能消除病害。若草坪每隔7天刈割一次，锈病就不会严重。在防治锈病时，秋天不要施用氮肥，因为在此期间施用高氮肥会造成像雪腐病、干枯病等更为严重的病害。所以，使用杀菌剂防治更为有利。②培育种植抗病品种。③化学防治：有效的杀菌剂有硫酸锌、代森锰锌、放线菌酮，每隔7~10天打一次药。硫黄，每隔5天喷一次药。还可选用25%三唑酮可湿性粉剂1 000~2 500倍液，12.5%速保利（特普唑）可湿性粉剂2 000倍液，25%敌力脱乳油3 000倍液，80%新万生可湿粉剂6 000倍液，40%杜邦新星乳油9 000倍液等。

7. 长蠕孢苗叶斑病

（1）寄主 狗牙根。

（2）主要症状 初始症状是在叶片上出现橄榄绿小点，斑点逐渐长成大的棕绿至黑色病斑。若严重侵染的叶片，最终变成浅古铜色病斑，被侵染的草坪呈枯草色，受侵染面积由小变大。

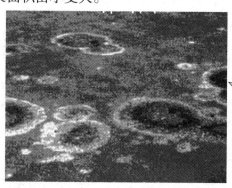

长蠕孢苗叶斑病症状

（3）发生特点 病菌在草垫和寄主受侵染组织上以休眠菌丝越冬和越夏。在冬末春初气候变潮湿时，由风吹、雨水溅传到健康组织进行侵染。随着气候变暖，叶面病斑趋向消失，非常像草地早熟禾的萎蔫病。但它在夏末、初秋凉爽气候下能恢复。狗牙根可能在弱的条件下进入休眠阶段，而在冬季死掉。

（4）防治方法 ①栽培技术：在早春和早秋，减少氮肥用量，有助于防治叶斑病。保持磷和钾正常使用量。避免在早春和早秋或白天过量供水，这样容易使叶片干枯。②化学防治：每隔 7 ~ 10 天喷一次接触性杀菌剂，直到发病停止。

8. 长蠕孢菌腐烂病（又名网斑病）

（1）寄主　细叶羊茅、苇状羊茅、牛尾草。

（2）主要症状　初始症状与其他长蠕孢菌病害相似，在叶片上出现小的紫至黑色病斑，最终会扩大。细叶羊茅上，病斑扩大至整个叶片；阔叶片的羊茅草上，像苇状羊茅、牛尾草上最初出现不规则深至黑色横纹，这些黑色横纹相交结在一起，形成网状，称为"网斑病"。

（3）发生特点　网斑病的发生与草地早熟禾萎蔫病相似。在春秋凉爽气候期间，叶斑与根颈、根腐同时发病。春天植株被侵染的部分产生分生孢子，由水溅或风刮到健康植株组织。

（4）防治方法　①栽培技术：细叶羊茅是一种在低水平管理下的禾草，使用少量氮肥及磷、钾肥将有助于细叶羊茅的生长。细叶羊茅能适应相当干旱的条件，而不能忍受过多的水分。苇状羊茅和牛尾草，都喜欢在暖和的条件下生存。②抗病品种：品种 C - 26 的抗病性是最好的。③化学防治：主要使用接触性杀菌剂。每隔 7 ~ 10 天喷药一次，最好是在病发开始前喷药，直至夏末。主要的杀菌剂有：百司清、代森锰锌、扑海因。

9. 线虫病害

（1）寄主　范围广泛。

（2）主要症状　叶片上均匀地出现轻微或严重褪色，根系生长受到抑制，根短、毛根多或根上有病斑、肿大或结节。整株生长减慢，植株矮小、瘦弱，甚至全株萎蔫、死亡。更多的情况是在草坪上出现环形或不规则形状的斑块。当天气炎热、干旱、缺肥和其他逆境时，症状更明显。

（3）发生特点　线虫主要以幼虫危害，当草坪草生长旺盛时，幼虫开始取食危害。线虫通过蠕动，只能近距离移动，但可以随地表水的径流、病土、病草皮、病种子进行远距离传播。适宜的土壤温度（20 ~ 30℃）和湿度，土表的枯草层是适合线虫繁殖的有利环境。而土壤过分干旱、长时间淹水、土紧实、黏重等都会使线虫活动受到抑制。

（4）防治方法　①保证使用无线虫的种子、无性繁殖材料（草皮、匍匐茎或小枝等）和土壤（包括覆盖的表土）建植新草坪。对已被线虫分染的草坪进行重种时，最好先进行土壤熏蒸。②浇水可以控制线虫病害。多次少量灌水比深灌更好，因为被线虫侵染的草坪草根系较短、衰弱，大多数根系只在土壤表层，只要保证表层土壤不干，就可以阻止线虫的发生。合理施肥，增施磷钾肥。适时松土，清除枯草层。③化学防治。熏蒸剂和溴甲烷土壤熏蒸剂仅限于播种前使用，避免农药与草籽接触。禾草播前使用，不仅对线虫有很好的防治效果，还兼有防治土传病害和杀虫、除杂草的作用，棉隆和 2 - 氯异丙醚，也是常用的杀线虫剂；植物根际宝

（Prdda）能显著防治一些作物上的土传真菌病害和线虫，有较好的保护根系的作用，可用于草坪线虫的防治。

10. 长蠕孢菌红叶斑病

（1）寄主 小糠草、细弱剪股颖、匍匐剪股颖、欧剪股颖。

（2）主要症状 病斑开始时与其他长蠕孢菌引起的叶病相似，在叶片上出小而深红褐斑点。病斑发展，中心呈枯草色，造成草坪植株干枯条症状。由红色叶斑病菌侵染，造成匍匐剪股颖严重变弱。

（3）发生特点 通常发生在温暖、潮湿的地方。

（4）防治方法 ①栽培技术：在温暖天气期间，磷肥和钾肥必须维持所需水平。②化学防治：使用接触性杀菌剂百菌清、代森锰锌等，每7天喷一次药直至天气变凉为止。扑海因可在发病初期，连续喷2～3次，每次间隔20天左右。

11. 长蠕孢菌叶斑病（又名大斑病）

（1）寄主 早熟禾、草地早熟禾、细叶羊茅、细弱剪股颖、匍匐剪股颖、黑麦草。

（2）主要症状 早春和晚秋开始在叶片上出现小的褐至红色、紫黑色病斑，病斑迅速扩大，呈圆形、椭圆形、不规则形。病斑中央常呈现浅古铜色或枯草色，病斑边缘呈红褐或紫黑色，常被描写为眼斑病状。在潮湿条件下，许多病斑可以连在一起将病斑呈带状围起来，使叶片从尖部变黄、古铜或红褐色至死亡。当叶片出现许多病斑时，叶片可能会全部烂掉、萎蔫和死亡。在气温凉爽时，病斑只局限于叶片上，但在潮湿条件下，它将侵染叶鞘、根颈和根，在短期内草坪会变得稀疏。

（3）防治方法 ①栽培技术：在长蠕孢菌叶斑病发生期间，保持草坪湿润有助于减少甚至阻止病害的发生。②化学防治：用接触性杀菌剂。除扑海因外，多数杀菌剂都有效果。每隔7～10天用药一次，在病害刚发生时用药最好。具体的杀菌剂为百菌清、代森锌、福美双。

12. 条黑粉病

（1）寄主 草地早熟禾、匍匐剪股颖、细弱剪股颖。

（2）主要症状 被条黑粉病侵染的植株比健康植株还要直立，侵染的叶片初始症状为浅黄色，病害继续发展，叶片开始卷曲，显露出随叶片长度而发生的平行黑条。老的被侵染叶片，将从尖端向下扭曲，卷叶或成细丝状碎片。

（3）防治方法 ①栽培技术：在夏天保持最低用氮量，即每月每1 000平方米不要多于300克。草坪侵染后，不能让草干枯掉。当干燥时，健康的草地早熟禾会处于休眠状态，浇水后能恢复。但染上黑粉病的草坪，干燥后，草会死掉。②抗病品种：有些草地早熟禾的品种是抗病的，但几乎都是暂时抗病。目前是抗病品种，也可能正在变成感病品种。可采用草地早熟禾的不同品种或剪股颖的不同品种混合过量播种。③化学防治：条黑粉病是体内病害，只能用内吸性杀菌剂才能予以防治，在秋天气温降低或早春草还在休眠时灌根。常用杀菌剂有：苯菌灵、甲基托布津、乙基托布津、三唑酮等。

13. 红线病（粉红斑病）

（1）寄主　早熟禾、匍匐剪股颖、草地早熟禾、黑麦草、细叶羊茅、狗牙根。

（2）主要症状　红线病很容易辨认，它在叶片或叶鞘上有粉红色子座。在早晨有露水时，子座呈胶状或肉质状。当叶干时，子座也发干，呈线状，变薄。从远处看，被侵染的草坪呈现缺水状态，从近一点距离看，它像是有长蠕孢叶斑病菌。特别是在紫羊茅上，该病与核盘菌所引起的银元斑病相似。仔细观察叶片，呈现粉红色子座。

（3）发生特点　病菌以子座和休眠菌丝在寄主组织中生存，在温度低于21℃潮湿条件下发病。在春、秋有毛毛雨，是发病的严重时期。病害是由于子座生长由这株传到另一株而扩展。当子座破裂，它能被风带到很远的地方。它们也能通过刈割设备进行传播。

（4）防治方法　①栽培技术：合理施肥。②化学防治：常用杀菌剂有百菌清、放线菌酮、放线菌酮加福美双。

14. 炭疽病

（1）寄主　早熟禾、匍匐剪股颖、草地早熟禾、细叶羊茅、黑麦草和假俭草。

（2）主要症状　炭疽病在温暖至炎热期间，在单个叶片上产生圆形至长形的红褐色病斑，被黄色晕圈所包围。小病斑合并，可能使整个叶片烂掉。有的草坪草叶片变成黄色，然后变成古铜色至褐色。分蘖被侵染会导致茎部产生不规则黄褐色斑块，大小从直径几厘米至几米。最初在叶片上出现伸长的红褐色斑。这些病斑扩大，最终占据整个叶片。

（3）防治方法　①栽培技术措施：轻施氮肥可以防止炭疽病严重发生，施氮肥0.27克/米^2。为了防止草坪严重损失，在必要时必须使用杀菌剂处理。②种植抗病品种。③化学防治：用苯肼咪唑类内吸性杀菌剂，如多菌灵和50%苯菌灵可湿性粉剂300～500毫克/升、70%甲基托布津可湿性粉剂500～700毫克/升，上述杀菌剂在发病期间每隔10～15天打一次药，在病情严重地区每隔10天打一次药，在整个发病季节内不要停止打药。为了防止产生抗药性，可与非内吸性杀菌剂如75%百菌清可湿性粉剂1 000～1 250毫克/升、50%可湿性粉剂250～400毫克/升、代森锰锌或代森锰加硫酸锌等交替使用。这些接触性杀菌剂用药间隔为7～10天。

15. 银元斑病

（1）寄主　早熟禾、邵氏雀稗、狗牙根、假俭草、咀嚼羊茅草、细弱剪股颖、匍匐剪股颖、黑麦草、草地早熟禾和蔓延羊茅草、钝叶草、欧剪股颖、结缕草。

（2）主要症状　病斑圆形，发白或枯草色。单个病斑大小与银元相似，从而得名为银元斑病。在草坪的凹陷处，特别是草坪被剪成1.5厘米或更短的地区，病斑尤为明显。单个病斑能相互结合，并毁坏大批草坪草。在早晨，当草坪有露水时，新鲜的病斑上可见到灰白色、绒毛状的真菌菌丝。银元斑病在叶片上呈漂白或浅铜色病斑，占据叶片整个宽度。在剪股颖、紫羊茅、结缕草和狗牙根的叶片上，病斑末端有红褐色横纹，而在早熟禾上却看不到类似的情况。

（3）防治方法　①抗病品种：匍匐剪股颖和普通早熟禾是中等抗病或中等感病。避免用下列品种：草地早熟禾栽培品种中的牛盖特、萨德斯堡；紫羊茅栽培品种中的道生；黑麦草栽培品种中的曼哈顿；狗牙根栽培品种中的沃猛、铁威、逊特富；结缕草中栽培品种中的埃莫尔得；邵氏雀稗栽培品种中的碰沙科拉。②化学防治：常用药剂有苯菌灵、甲基托布津、乙基托布津、百菌灵、镉类化合物、扑海因、涕必灵、放线菌酮加福美双或五氯硝基苯、托布津加福美双或代森锰锌。

16.草坪蘑菇圈（又名仙人圈、仙人环）

（1）寄主　侵染范围广泛，可在所有常见的草坪草种上染病。

（2）发病条件　草坪土壤质地较轻，肥力较低，水分不足时仙人圈发生较多。

（3）主要症状　春末夏初潮湿草坪上出现直径不一的暗绿色圆圈，宽度多为10～20厘米，圈上禾草生长旺盛，高茂粗壮，叶色浓绿，圈内禾草衰败枯死，在枯草圈内侧还可能出现次生旺草区。圈的直径不等，多个仙人圈可相互交错重叠。

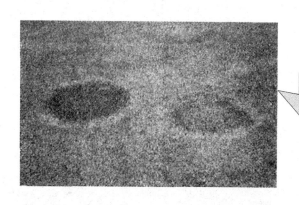

草坪上出现一个枯草圈，圈内草坪草生长正常或颜色相对较深

草坪上出现环形排列的担子果

草坪上出现环形、深绿色、生长迅速的草圈，草圈内的草坪草表现为缺肥症状，颜色相对较淡

（4）防治方法　①药剂防治。土壤用甲醛或溴甲烷熏蒸，也可打孔浇灌萎锈灵、苯来特、灭菌丹或百菌清等杀菌剂药液。②铲掉禾草。将仙人圈前后50厘米、深20～75厘米范围内的土壤移走，补以未被污染的净土。在仙人圈影响范围内灌水施肥，以促进禾草正常生长，同时采摘蘑菇和铲除杂草。

一般草坪草的常见病害

草坪草	主要病害	次要病害
早熟禾属	溶失病、坏死环斑、夏季斑和条黑粉病	白粉病、锈病、仙人圈
一年生早熟禾	炭疽病、夏季斑病、币斑病、褐斑病、腐霉枯萎病	叶斑病、红丝病、核湖菌疫病、镰刀菌斑病
高羊茅	褐斑病	网斑病、叶斑病、冠锈病、镰刀枯萎病
细叶羊茅（包括紫羊茅、硬羊茅）	叶斑病	币斑病、炭疽病、红线病、镰刀菌斑、锈病
草地羊茅	网斑病、褐斑病和冠锈病	霉枯萎病、镰刀枯萎病、条黑粉病
黑麦草属	腐霉萎病、褐斑病、红线病、冠锈病	镰刀枯萎病、褐疫病、条黑粉病、珊瑚菌疫苗
剪股颖属	全蚀病、黄化病、粉红斑病、褐斑病，长蠕孢属病害、腐霉枯萎病、珊瑚菌疫、镰刀枯萎病	
结缕草	币斑病、褐斑病、锈病和叶枯病、根腐病	
狗牙根	春季死斑病、褐斑病、币斑病、腐霉枯萎病、锈病、镰刀枯萎病、叶枯病	

第二节　草坪主要虫害及其防治

一、草坪虫害概述

1. 昆虫的概念

昆虫是小型节肢动物。成年期有 3 对足，体躯由一系列环节（体节）所组成，进一步集合成 3 个体段（头、胸和腹），通常具两对翅。它们是地球上数量最多的动物群体，它们的踪迹几乎遍布世界的每个角落。

草坪植物的虫害相对于草坪病害来讲较轻，比较容易防治。但是昆虫取食草坪草、污染草地、传播疾病，常使草坪遭受损毁，严重影响草坪的质量，如果防治不及时，会对草坪造成大面积的破坏。

2. 草坪虫害的分类

（1）按害虫对草坪草的危害方式分

（2）依据草坪害虫的栖息、取食部位、生态条件的不同分

（3）依据害虫栖息场所分

3. 草坪害虫的变态

草坪害虫在生长发育过程从外部形态到内部构造都会出现一系列的变化，才能

走完整个生命过程。这个过程叫做昆虫的变态。

昆虫变态分为两个类型，即完全变态和不完全变态。

完全变态：卵——幼虫——蛹——成虫，幼虫和成虫形态完全不同，生活习性也不同，幼虫和成虫之间要经历一个不吃也不动的一个过程，即蛹阶段。比如小地老虎。

小地老虎完全变态

不完全变态：卵——若虫——成虫，若虫和成虫在形态习性和形态上基本相同。比如蝗虫。

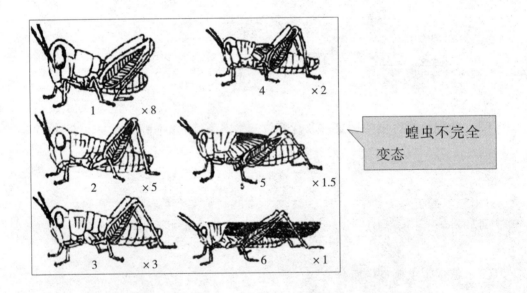

蝗虫不完全变态

4. 草坪昆虫的生长发育规律

（1）孵化与孵化期　昆虫胚胎发育完成后，从卵壳内破壳而出，这个过程叫孵化。卵从母体产出到孵化为幼虫为止，这段时间称为卵期。在同一个世代中成虫所产的卵，从第一粒孵化开始到全部的卵都孵化完为止，所经过的时间叫孵化期。

（2）龄期　龄期是指幼虫相邻两次蜕皮所经历的时间。刚孵化的幼虫到第一次蜕皮止，称1龄幼虫；而后每蜕1次皮，增加1龄，即称2龄、3龄、4龄，依此类推。

（3）化蛹与羽化　幼虫老熟后，最后1次蜕皮，幼虫变成不吃不动状态，叫化蛹。幼虫从卵内孵化出至化蛹的这段时间，称为幼虫期。蛹经过生理变化，变为成虫。从化蛹时开始到羽化为成虫时为止，所经历的时间称为蛹期。成虫破蛹壳而出称羽化。成虫从羽化开始至死亡为止，这段时间叫成虫期。

5. 世代和年生活史

（1）世代　昆虫从卵开始变为成虫时止的历程称为1个世代，简称1代。昆虫可以1年发生1代或几代，如小地老虎在华北地区1年发生4代，也可几年发生1代，而华北蝼蛄在华北则需3年才能完成1代。昆虫世代历期的长短主要取决于昆虫自身的内在特性及所在地区的有效积温。

（2）年生活史　1种昆虫在1年中的发育史，或者说从当年的越冬虫态开始活动起，到第二年越冬结束止的发育过程称年生活史。昆虫遇到高温或低温而停止生长发育叫滞育，如在冬天发生叫越冬，在夏季发生则称越夏。

6. 繁殖方式

昆虫是卵生动物，多数要经过两性交配后产卵繁殖，如黏虫、华北蝼蛄等；有一些种类未经雌雄交配，卵不经过受精也发育成为新个体，称为孤雌生殖，如部分蓟马；有些虫卵在母体内就能发育为幼体，然后再产出来，称为卵胎生，如蚜虫。

7. 生活习性

昆虫的生活习性是指昆虫的活动和行为，是种群的生物学特性，并非每种昆虫都具有。

（1）趋性　趋性是昆虫受外界某种物质连续刺激后产生的一种强迫性定向运动。趋向刺激源称正趋性，避开刺激源称负趋性。按刺激源的性质不同可分为趋光性、趋化性、趋温性等。趋性对昆虫的寻食、求偶、产卵及躲避不良环境等有利。人们可以利用这些习性来防治害虫，如黏虫、小地老虎的成虫具趋光性，可利用黑光灯进行诱杀。

（2）迁移性　昆虫在个体发育过程中，为了满足对食物和环境的需求，都有向周围扩散、蔓延的习性，如蚜虫；有的还能成群结队远距离地迁飞转移，如蝗虫、黏虫等。了解害虫迁飞规律，有助于人们掌握害虫消长动态，以便在其扩散前及时防治。

（3）假死性　有些昆虫遇到惊动后，立即收缩附肢，卷缩一团坠地装死，称假死性，如金龟子成虫。这是昆虫逃避敌害的一种自卫反应，人们常利用这种习性来震落捕杀。

8. 危害方式

（1）食叶性　口器多为咀嚼式，取食草坪草叶片、茎秆，造成缺刻、孔洞等。如黏虫、草地螟、蛞蝓等。

（2）吸汁性　口器为刺吸式或锉吸式，吸食草坪草叶片及幼嫩茎秆内部的汁液，使得茎叶产生褪绿的斑点、条斑、扭曲、虫瘿，甚至因传播病毒病而致畸形、矮化，有时会出现煤污病，如蚜虫、叶蝉、蓟马等。

（3）钻蛀性　个体较小，其幼虫钻入茎秆或潜入叶片内部危害，造成草坪草"枯心"或"鬼画符"叶，严重时草坪枯黄一片。如麦秆蝇等。

（4）食根性　主要生活在地下，危害根部或茎基部，造成草坪黄枯。如蝼蛄、蛴螬等。

二、外界环境因子对草坪昆虫的影响

影响昆虫发生的环境因素主要有气候、生物、土壤等。

1. 气候因素

气候因素包括光照、温度、湿度、风。

（1）温度　在一定温度范围内，温度越高，昆虫发育的速率越快。反之，不适宜的温度则使昆虫生长变慢，甚至死亡。

（2）湿度　可加速或延缓昆虫生长发育，影响其繁殖与活动。

（3）光照　光主要影响昆虫的行为。昼夜节律的变化会影响昆虫的活动、年生活史以及迁移等。

（4）风　风影响昆虫的迁移、扩散活动。如草地螟等具有迁飞特性的昆虫往往会受风的影响。

2. 生物因素

主要包括昆虫的食物和天敌两类。

（1）昆虫食物　昆虫对寄主植物有选择性，不同种类的昆虫，其取食范围的大小有所不同，可以是几种、十几种，甚至上百种，但最喜食的植物种类却不多。昆虫吃最喜食的植物时，发育速度快、死亡率低、繁殖力强。

（2）昆虫天敌　天敌包括病原微生物、食虫昆虫以及食虫的鸟类、蛙类等。病原微生物包括病毒、细菌、真菌、线虫、原生动物等。目前已有许多微生物制剂被广泛应用于害虫防治中，如苏云金杆菌、白僵菌等。食虫昆虫的种类也很多，如捕食性瓢虫、寄生性赤眼蜂等可以规模生产，用以防治害虫。

3. 土壤环境

土壤是昆虫的重要生活环境，许多昆虫终生生活在其中，大量地上生活的昆虫也有个别虫期生存在土壤中，如黏虫、斜纹夜蛾等昆虫的蛹期。土壤对昆虫的影响主要在它的物理和化学特性两个方面。土壤温湿度的变化、通风状况、水分及有机质含量等不同，对昆虫的适生性影响各异，如蛴螬喜欢黏重、有机质多的土壤，蝼蛄则喜欢沙质疏松的土壤。也有些昆虫对土壤的酸碱度及含盐量有一定的选择性。

三、草坪虫害的综合防治

草坪虫害防治的基本方针是"以综合治理为核心,实现对草坪虫害的可持续控制"。草坪虫害防治的基本方法归纳起来有:植物检疫、栽培措施防治、物理机械防治、生物防治、化学防治。

（一）综合防治措施

1. 植物检疫

也称法规防治,是根据政府制定和颁布的法规,由检疫部门对国外或国内地区间引进或输出的种子、种苗等进行检疫,防止危险的病、虫、杂草种子输入。

2. 栽培措施防治

在全面了解和掌握害虫、草坪植物与环境条件三者之间相互关系的基础上,应用各种栽培管理措施,降低害虫种群数量,增强草坪的抗虫抗逆能力,创造有利于草坪生长发育而不利于害虫发生的环境条件。栽培措施防治方法大都能与常规的草坪管理措施结合,因而简便、易行、经济、安全,但有时速度较慢。

3. 物理机械防治

利用害虫对光和化学物质的趋向性及温度等来防治害虫。如用黑光灯诱杀某些夜蛾和金龟子,用糖醋液诱杀地老虎和黏虫的成虫,用高温或低温杀灭种子携带的害虫等。在一定条件下,人工捕捉害虫也是一种有效的措施。如捡拾金龟子、蛴螬、地老虎、金针虫和蝼蛄等。

4. 生物防治

应用有益生物及其产物防治害虫的方法。如保护和释放天敌昆虫,利用昆虫激素和性信息素,利用病原微生物及其产物防治害虫,以及用植物杀虫物质防治害虫等。生物防治的优点是不污染环境,对人、畜安全,能收到较长期的防治效果。但也有明显的局限性,目前用于草坪害虫的实例不多。国内正在开展用"生物农药"防治害虫的工作,已取得显著效果。

5. 化学防治

化学防治是用化学药剂防治害虫的主要方法。该法具有高效、快速、经济和使用方便等优点,是目前防治害虫的主要方法。尤其在害虫发生的紧急时刻,往往是唯一有效的灭杀措施。但其突出的缺点是容易杀伤天敌、污染环境、使害虫产生抗药性和引起人、畜中毒等。因此,要选用对环境安全、对人畜无毒无害或低毒、低残留的药剂品种,并尽量限制和减少化学农药的用量及使用范围。

（二）草坪虫害防治的注意事项

1. 对症下药

各种药剂都有一定的毒力作用和防治对象。如防治咀嚼式口器害虫时，选择以胃毒、触杀为主，杀虫谱广，在土壤中最能发挥药效的品种，如辛硫磷等。

2. 适时用药

这是防治成败的关键。一般情况下，在害虫低龄期用药，可达到高效、省药的目的。如灭幼脲类药剂在害虫低龄期时使用效果较好，而高龄期应用效果差。对夜出昼伏习性的害虫，傍晚施药要比早上施药效果好。

3. 准确掌握用药浓度和用量

用药浓度和用量应根据防治对象的种类、虫态和龄期与草坪种类生育期及管理状况而定。如浇灌防治地下害虫应比地面喷雾用药浓度大一些，在草坪苗期或修剪后比修剪前的用量要小。

4. 恰当的施药方法

在水源充足的平地，可用大容量喷雾法。而山坡缺水的旱地，则用低容量或超低容量喷雾法或喷粉法等。用撒毒土的方法进行土壤处理，更能达到简便、有效、经济的目的。

5. 科学混用农药

科学合理混用农药有扩大防治范围、增效、降低害虫抗性等特点。例如：杀虫剂与杀螨剂混用，化学农药与生物农药混用，化学杀虫剂间的混用等。

6. 交替用药，力求兼治

对同种害虫，尤其是1年发生多代的害虫，不能连续长期使用一种农药，否则会使害虫产生抗药性。因此，提倡不同药剂交替使用。飞虱、叶蝉等害虫往往混合发生，应考虑采用对两种害虫均有效的药剂。

四、常见草坪草的虫害及其防治

（一）食叶害虫

食叶害虫是指用咀嚼式口器危害草坪茎叶等地上部分器官的一类害虫，主要包括黏虫、斜纹夜蛾、草地螟、蝗虫、软体动物等。它们咬食草坪草茎叶，造成残缺，严重时形成大面积的"光秃"。

1. 黏虫

鳞翅目夜蛾，又名剃枝虫、行军虫，俗称五彩虫、麦蚕。大发生时可把植物叶片食光，而在暴发年份，幼虫成群结队迁移时，几乎所有绿色作物被掠食一空，

（1）危害草坪　黑麦草、早熟禾、剪股颖、结缕草、高羊茅等。

（2）识别特征　①成虫体长 17 ~ 20 毫米，翅展 36 ~ 45 毫米，呈淡黄褐至淡灰褐色，触角丝状，前翅环形纹圆形，中室下角处有一小白点，后翅正面呈暗褐，反面呈淡褐，缘毛呈白色。②卵半球形，直径 0.5 毫米，白至乳黄色。③幼虫 6 龄，体长 35 毫米左右，体色变化很大（密度小时，4 龄以上幼虫多呈淡黄褐至黄绿色不等；密度大时，多为灰黑至黑色）。头黄褐至红褐色。有暗色网纹，沿蜕裂线有黑褐色纵纹，似"八"字形，有 5 条明显背线。④蛹长 20 毫米，第 5 ~ 7 腹节背面近前缘处有横脊状隆起，上具刻点，横列成行，腹末有 3 对尾刺。

（3）生活习性及危害特点　1 年发生多代，并有随季风进行长距离南北迁飞的习性，成虫有较强的趋化性和趋光性。白天潜藏在植物心叶及叶鞘中，高龄幼虫白天潜伏于表土层或植物茎基处，夜间出来取食植物叶片。有假死性，虫口密度大时可群集迁移危害。黏虫喜欢较凉爽、潮湿、郁闭的环境，高温干旱对其不利。黏虫 1 ~ 2 龄幼虫只啃食叶肉，呈现半透明的小斑点，3 ~ 4 龄时，把叶片咬成缺刻，5 ~ 6 龄的暴食期可把叶片吃光，虫口密度大时能把整块草地吃光。

（4）防治措施　①清除草坪周围杂草或于清晨在草丛中捕杀幼虫。②诱杀成虫。灯光诱杀成虫，或利用成虫的趋化性，用糖醋液诱杀，按糖、酒、醋、水为 2:1:2:2 的比例混合，加少量敌敌畏。③初孵幼虫期及时喷药。喷洒 25% 爱卡士乳油 800 ~ 1 200 倍液、40.7% 乐斯本乳油 1 000 ~ 2 000 倍液、30% 伏杀硫磷乳油 2 000 ~ 3 000 倍液、20% 哒嗪硫磷乳油 500 ~ 1 000 倍液、50% 辛硫磷乳油 1 000 倍液、10% 天王星乳油 3 000 ~ 5 000 倍液。④人工摘除卵块、初孵幼虫及蛹。

2. 斜纹夜蛾

属鳞翅目昆虫，又名莲纹夜蛾，俗称夜盗虫、乌头虫。多食性害虫。具暴发性，虫口密度大时，能在短期内将草坪吃成"光秆"。

（1）危害草坪　黑麦草、早熟禾、剪股颖、结缕草、高羊茅等。

（2）识别特征　①成虫体长 14 ~ 20 毫米，翅展 35 ~ 46 毫米，体暗褐色，胸部背面有白色丛毛，前翅灰褐色，花纹多，内横线和外横线白色、呈波浪状、中间有明显的白色斜阔带纹，所以称斜纹夜蛾。②卵呈扁平的半球状，初产黄白色，后变为暗灰色，块状黏合在一起，上覆黄褐色绒毛。③幼虫体长 33 ~ 50 毫米，头部黑褐色，胸部多变，从土黄色到黑绿色都有，体表散生小白点，冬节有近似三角形的半月黑斑一对。④蛹长 15 ~ 20 毫米，圆筒形，红褐色，尾部有一对短刺。

（3）生活习性及危害特点　1 年发生多代。该虫喜温暖潮湿环境，7 ~ 10 月有利于发生，而以 8、9 月危害严重。成虫有趋光性和趋化性。初孵幼虫群集叶片背面，取食叶肉，2 龄后分散，4 龄以上的幼虫白天躲在草层基部或土缝中，傍晚出来取食。幼虫有假死性。老熟幼虫入土 1 ~ 2 厘米化蛹。幼虫 3 龄以前取食叶肉，叶片呈现白纱状斑，4 龄后进入暴食期，将叶片咬出缺刻，甚至把叶片吃光，并排出大量虫粪，污染草坪。

（4）防治措施　①农业防治。清除杂草，收获后翻耕晒土或灌水，以破坏或恶化其化蛹场所，有助于减少虫源。结合管理随手摘除卵块和群集危害的初孵幼虫，以减少虫源。②物理防治。点灯诱蛾。利用成虫趋光性，于盛发期点黑光灯诱杀。糖醋诱杀。利用成虫趋化性配糖醋（糖∶醋∶酒∶水 =3∶4∶1∶2）加少量敌百虫诱蛾。柳枝蘸洒 500 倍敌百虫诱杀蛾子。③药剂防治。挑治或全面治，交替喷施21%灭杀毙乳油 6 000 ~ 8 000 倍液，50%氰戊菊酯乳油 4 000 ~ 6 000 倍液，20%氰马或菊马乳油 2 000 ~ 3 000 倍液，2.5%功夫、2.5%天王星乳油 4 000 ~ 5 000 倍液，20%灭扫利乳油 3 000 倍液，80%敌敌畏、2.5%灭幼脲、25%马拉硫磷 1 000 倍液，5%卡死克、5%农梦特 2 000 ~ 3 000 倍液，2 ~ 3 次，隔 7 ~ 10 天 1 次，喷匀喷足。

3. 草地螟

螟蛾科。又名黄绿条螟、甜菜、网螟。草地螟为多食性大害虫。

（1）危害草坪　禾本科。

（2）识别特征　①成虫淡灰褐色，体较细长 8 ~ 10 毫米，前翅灰褐色至暗褐色，外缘有淡黄色条纹，翅中央近前缘有一近似长方形深黄色斑，顶角内侧前缘有不明显的三角形浅黄色小斑；后翅浅灰黄色，有两条与外缘平行的黑色波状纹。老熟幼虫体长 16 ~ 25 毫米；头部黑色，有明显的白斑；前胸盾黑色，有 3 条黄色纵纹；胸腹部黄褐色或灰绿色，有明显的暗色纵带间黄绿色波状纹；体上毛瘤显著，刚毛基部黑色，外围有 2 个同心黄色环。②卵呈椭圆形，长 0.8 ~ 1.2 毫米，为 3、5 粒或 7、8 粒串状黏成复瓦状的卵块。③幼虫共 5 龄，老熟幼虫 16 ~ 25 毫米，1龄淡绿色，体背有许多暗褐色纹，3 龄幼虫灰绿色，体侧有淡色纵带，周身有毛瘤。5 龄多为灰黑色，两侧有鲜黄色线条。④蛹长 14 ~ 20 毫米，背部各节有 14 个赤褐色小点，排列于两侧，尾刺 8 根。

草地螟雄成虫

草地螟雌成虫

草地螟蛹

（3）生活习性及危害特点 该虫1年发生2~4代。以老熟幼虫在土内吐丝作茧越冬。翌春5月化蛹及羽化。成虫飞翔力弱，喜食花蜜，卵散产于叶背主脉两侧，常3~4粒在一起，以距地面2~8厘米的茎叶上最多。初孵幼虫多集中在枝梢上结网躲藏，取食叶肉，称"草皮网虫"，3龄后食量剧增，可将叶片吃成缺刻、孔洞，使草坪失去应有的色泽、质地、密度和均匀性，甚至造成光秃，降低了观赏和使用价值。成虫昼伏夜出，趋光性很强。幼虫发生期在6~9月。幼虫活泼、性暴烈，稍被触动即可跳跃，高龄幼虫有群集迁移习性。

（4）防治措施 ①草地螟防治策略是"以药剂防治幼虫为主，结合除草灭卵，挖防虫沟或打药带阻隔幼虫迁移危害"，防止迁移危害。②技术措施：除草灭卵；挖沟、打药带隔离，阻止幼虫迁移危害；田间用药在幼虫3龄之前；药剂选用低毒、击倒力强，且较经济的农药进行防治。如25%辉丰快克乳油2 000~3 000倍液，25%快杀灵乳油亩用量20~30毫升，5%来福灵、2.5%功夫2 000~3 000倍液，30%桃小灵2 000倍液，90%晶体敌百虫1 000倍液，30%伏杀硫磷乳油2 000~3 000倍液、20%哒嗪硫磷乳油500~1 000倍液、50%辛硫磷乳油1 000倍液，或用每克菌粉含100亿活孢子的杀螟杆菌菌粉或青虫菌菌粉2 000~3 000倍液喷雾。防治应在卵孵化始盛期后10天左右进行为宜，注意有选择地使用农药，尽可能地保护天敌。

4. 蝗虫

蝗虫是蝗科直翅目蝗总科昆虫，俗称"蚂蚱"。

（1）危害草坪 禾本科。

（2）识别特征 危害草坪的蝗虫种类较多，主要有土蝗、稻蝗、菱蝗、中华蚱蜢、短额负蝗、笨蝗、东亚飞蝗等。口器坚硬，前翅狭窄而坚韧，后翅宽大而柔软，善于飞行，后肢很发达，善于跳跃。

（3）生活习性及危害特点 一般每年发生1~2代，绝大多数以卵块在土中越冬。一般冬暖或雪多情况下，地温较高，有利于蝗卵越冬。4~5月温度偏高，卵发育速度快，孵化早。秋季气温高，有利于成虫繁殖危害。多雨年份、土壤湿度过大，蝗卵和幼蝻死亡率高。干旱年份，在管理粗放的草坪上，土蝗、飞蝗则混合发生危害。蝗虫天敌较多，主要有鸟类、蛙类、益虫、螨类和病原微生物。蝗虫食性很广，可取食多种植物，但较嗜好禾本科和莎草科植物，喜食草坪禾草，成虫和若虫（蝗蝻）蚕食叶片和嫩茎，大发生时可将寄主吃成光秆或全部吃光。

（4）防治措施 ①药剂喷洒。发生量较多时可采用药剂喷洒防治，常用的药剂有3.5%甲敌粉剂、4%敌马粉剂喷粉，30千克/公顷（2千克/亩）；25%爱卡士乳油800~1 200倍液、40.7%乐斯本乳油1 000~2 000倍液、30%伏杀硫磷乳油2 000~3 000倍液、20%哒嗪硫磷乳油500~1 000倍液喷雾。②毒饵防治。用麦麸100份+水100份+40%氧化乐果乳油0.15份混合拌匀，22.5千克/公顷；也可用鲜草 100 份切碎加水 30 份拌入 40% 氧化乐果乳油 0.15 份，112.5 千克/公顷。随配随撒，不能过夜。阴雨、大风、温度过高或过低时不宜使用。③人工捕杀。

5. 软体动物

（1）形态特征　危害草坪的软体动物主要有蜗牛和蛞蝓。蜗牛具有螺旋形贝壳，成虫的外螺壳呈扁球形，有多个螺层组成，壳质较硬，黄褐色或红褐色。头部发达，具 2 对触角，眼在后 1 对触角的顶端，口位于头部腹面。卵球形。幼虫与成虫相似，体形较小。蛞蝓不具贝壳，体长形柔软，暗灰色，有的为灰红色或黄白色。头部具 2 对触角，眼在后 1 对触角顶端，口在前方，口腔内有 1 对胶质的齿舌。卵椭圆形。幼体淡褐色，体形与成体相似。

（2）习性及危害　蜗牛和蛞蝓在北方地区均 1 年发生 1 代，喜阴暗潮湿的环境。取食植物叶片、嫩茎和芽，初孵时啃食叶肉或咬成小孔，稍大后造成缺刻或大的孔洞，严重时可将叶片吃光或咬断茎秆，造成缺苗；其爬行过的地方会留下黏液痕迹，污染草坪。此外，它们排出的粪便也可污染草坪。

（3）防治措施　①人工捕捉。发生量较小时，可人工捡拾，集中杀灭。②使用氨水。用稀释成 70～100 倍的氨水，于夜间喷洒。③撒石灰粉。用量为 75～112.5 千克/公顷。④施药。撒施 8% 灭蜗灵颗粒剂或用蜗牛敌（10% 多聚乙醛）颗粒剂，15 千克/公顷；用蜗牛敌＋豆饼＋饴糖(1:10:3)制成的毒饵撒于草坪，杀蛞蝓。

（二）吸汁害虫

吸汁害虫是指用刺吸式口器（也有少数其他的类型）危害草坪草茎叶的一类害虫，主要包括盲蝽、叶蝉、蚜虫、飞虱、螨类等，吸取茎叶的汁液，使得叶片表面出现大量失绿斑点，严重时草坪枯黄，有时会发生煤污病。

1. 蚜虫

属同翅目蚜总科。蚜虫又称蜜虫子、腻虫。危害草坪草的主要种类有麦长管蚜、麦二叉蚜、禾谷缢管蚜等。

（1）识别特征　体微小而柔软。

（2）习性及危害特点　这三种蚜虫，1 年可发生 10 余代甚至 20 代以上；在生活过程中可出现卵、若蚜、无翅成蚜和有翅成蚜等。在生长季节，以孤雌胎生进行繁殖。每年的春季与秋季可出现蚜量高峰。以成蚜与若蚜群集于植物叶片上刺吸危害，严重时导致生长停滞，植株发黄、枯萎。蚜虫排出的蜜露，会引发煤污病，污染植株，并招来蚂蚁，造成进一步危害。

（3）防治措施　①冬灌可降低地面温度，对蚜虫越冬不利，能大量杀死蚜虫；有翅蚜大量出现时及时喷灌可抑制蚜虫发生、繁殖及迁飞扩散；趁有翅蚜尚未出现时，将无翅蚜碾压而死，减轻受害。②药剂防治。喷洒 1 000 吡虫啉可湿性粉剂

3 000～4 000 倍液、50%辟蚜雾可湿性粉剂 3 000～4 000 倍液、25%爱卡士乳油 800～1 200倍液、40.7%乐斯本乳油 1 000～2 000 倍液、30%伏杀硫磷乳油 2 000～3 000倍液、20%哒嗪硫磷乳油 500～1 000 倍液。③生物防治。利用瓢虫、草蛉、食蚜蝇、蚜茧蜂、蚜小蜂等天敌控制蚜虫。

2. 盲蝽

属半翅目盲蝽科。

（1）形态及习性　　多为小型种类。危害草坪草的主要种类有赤须绿盲蝽、三点盲蝽、牧草盲蝽和小黑盲蝽等。这几种盲蝽的体长 3～7 毫米，绿色、褐色及褐黑色不等。主要形态特征为：体扁、多长椭圆形；头小，刺吸式口器，前翅基部革质端部膜质。若虫体较柔软、色浅，翅小。

这几种盲蝽主要发生在北方，1 年发生 3～5 代，在草坪的茎叶上或组织内产卵越冬，喜潮湿环境。成虫与若虫均以刺吸式口器危害，被害的茎叶上出现褪绿斑点，严重受害的植株，叶片呈灰白色或枯黄色。

（2）防治措施　　①冬春季节清除草坪及其附近的杂草，可减少越冬虫源。②药剂防治。喷洒 0.5%阿维菌素 1 500 倍液、10%多来宝乳油 1 000～1 500 倍液、1 000吡虫啉可湿性粉剂 1 500～3 000 倍液、2.5%功夫乳油 1 000～2 000 倍液。

3. 叶蝉

属同翅目叶蝉科。危害草坪草的种类主要有大青叶蝉、条沙叶蝉、二点叶蝉、小绿叶蝉和黑尾叶蝉等。

（1）形态特征　　基本特征是体小型，似小蝉；头大，刺吸式口器，触角刚毛状；前翅质地相同，后翅膜质、透明；后足胫节下方有 2 列刺状毛。性活泼，能跳跃与飞行，喜横走。若虫形态与成虫相似，但体较柔软，色淡，无翅或只有翅芽，不太活泼。

（2）习性及危害　　蝉类昆虫 1 年发生多代，主要以卵和成虫越冬。成虫、若虫常聚集在植物叶背、叶鞘或茎秆上吸食汁液，使寄主生长不良，受害部位出现褪绿斑点，有时出现卷叶、畸形，甚至死亡。在叶背的主脉和叶鞘组织中产卵，卵成排的隐藏在表皮下面，外面有产卵器划破的伤痕。

（3）防治措施　　①冬季、早春清除草坪及周围杂草，减少虫源。②成虫发生期，利用黑光灯或普通灯光诱杀。③药剂防治。喷洒 50%叶蝉散乳油 1 000～1 500 倍液、300 莫比郎乳油 1 000～3 000 倍液、20%速灭杀丁乳油 3 000 倍液，消灭成虫、若虫。

4. 飞虱

属同翅目飞虱科。危害草坪草的种类主要有白背飞虱、灰飞虱、褐飞虱等。

（1）形态特征　　飞虱常与叶蝉混合发生，体形似小蝉。与叶蝉的主要区别是：触角短，锥形；后足胫节末端有一显著的能活动的扁平大距，善跳跃。

（2）习性及危害　白背飞虱在我国各地普遍发生，灰飞虱主要发生在北方地区和四川盆地，褐飞虱以淮河流域以南地区发生较多。飞虱1年发生多代，从北向南代数逐渐增多，以卵、若虫或成虫越冬。成虫、若虫均聚集于寄主下部刺吸汁液，产卵于茎及叶鞘组织中，被害部位出现不规则的褐色条斑，叶片自下而上逐渐变黄，植株萎缩，成丛成片的植株被害，严重时可使植株下部变黑枯死。

（3）防治措施　①选择对飞虱具有抗性或耐害性的草坪草品种。②药剂防治。喷洒25%爱卡士乳油800～1 000倍液、50%叶蝉散乳油1 000～1 500倍液、20%好年冬乳油2 000～3 000倍液。

5. 螨类

蛛形纲害虫。危害草坪草的螨虫是蛛形纲、蝉螨类的一些植食性种类，主要有麦岩螨、麦圆叶爪螨等。

（1）形态特征　①雌成螨深红色（故称红蜘蛛），体两侧有黑斑。其体长小于1毫米，卵圆形或近圆形。无翅，幼螨3对足，若螨与成螨均有4对足。②越冬卵红色，非越冬卵淡黄色较少。③越冬代幼螨红色，非越冬代幼螨黄色。越冬代若螨红色，非越冬代若螨黄色，体两侧有黑斑。

（2）习性及危害要点　以刺吸式口器吸取植物汁液。危害叶、茎、花等，刺吸植物的茎叶，初期叶正面有大量针尖大小失绿的黄褐色小点，后期叶片从下往上大量失绿卷缩脱落，造成大量落叶。有时从植株中部叶片开始发生，叶片逐渐变黄，不早落。主要发生危害时期在春秋两季，天气干旱时发生重。

（3）防治措施　①结合灌水，将螨虫震落，使其陷于淤泥而死。②虫口密度大时，耙糖草坪，可大量杀伤虫体。③药剂防治。防治螨类的药剂有三氯杀螨醇、哒螨灵、三唑锡、炔螨特、四螨嗪、丁醚脲、克螨特等。喷洒1.8%阿维菌素乳油1 000～3 000倍液、20%扫螨净可湿性粉剂2 000～4 000倍液、25%倍乐霸可湿性粉剂1 000～2 000倍液、50%溴螨酯乳油1 000～2 000倍液、20%螨克乳油1 000～2 000倍液、73%克螨特乳油2 000～3 000倍液、50%苯丁锡可湿性粉剂1 500～2 000倍液、5%霸蜡灵悬浮剂1 500～3 000倍液、20%阿波罗悬浮剂2 000～2 500倍液。

（三）钻蛀害虫

钻蛀害虫是一类以幼虫危害草坪草茎秆或叶片的害虫，主要包括秆蝇及潜叶蝇两类，在茎秆或叶片内钻蛀危害，造成大量"枯心苗"或"烂穗"，严重时草坪枯黄。

1. 秆蝇

（1）形态习性　属双翅目秆蝇科。危害草坪的主要有麦秆蝇（又叫黄麦秆蝇，绿麦秆蝇）和瑞典麦秆蝇（又叫燕麦秆蝇）。

麦秆蝇成虫体长 3~4.5 毫米，体黄绿色，复眼黑色，有青绿色光泽；胸部背面有 3 条纵线，中央 1 条直达末端，两侧的纵线各在后端分叉，越冬代成虫胸部背面纵线为深褐色至黑色，其他各代为土黄色至黄褐色；翅透明，翅脉黄色；各足黄绿色；腹部背面亦有纵线。老熟幼虫体长 6~6.5 毫米，蛆形、细长、淡黄绿色至黄绿色；口沟黑色。

瑞典麦秆蝇成虫体长 1.3~2 毫米，全体黑色，有光泽，体粗壮。触角黑色，前胸背板黑色，翅透明，具闪光；腹部下面淡黄色。老熟时幼虫体长约 45 毫米，蛆形黄白色，圆柱形，体末节圆形，端部有 2 个突起的气门。

1 年发生 2~4 代。以幼虫寄生茎秆中越冬，5~6 月是成虫盛发期。成虫白天活动，在晴朗无风的上午和下午最活跃。成虫产卵于叶鞘和叶舌处，初孵幼虫从叶鞘与茎秆处侵入，取食心叶基部和生长点，使心叶外露部分枯黄，形成枯心苗。严重发生时草坪草可成片枯死。

（2）防治措施　①加强草坪管理，增强禾草的分蘖能力，以提高抗虫力。②药剂防治。关键时期为越冬代成虫盛发期至第一代初孵幼虫蛀入茎之前这段时间。可供选择的药剂有 50% 杀螟威乳油 3 000 倍液、40% 氧化乐果与 50% 敌敌畏乳油（按 1:1 混合）1 000 倍液。

2. 潜叶蝇

（1）形态习性　潜叶蝇属双翅目的小型蝇类，包括美洲斑潜蝇、豌豆潜叶蝇、稻小潜叶蝇等，能危害多种草坪草。其成虫为小型蝇类，体长 1~3 毫米，灰黑色；幼虫蛆状，长 3 毫米左右，乳白色至黄白色。

该类主要以幼虫蛀入寄主植物的叶片内部潜食叶肉危害，被害处仅剩上、下表皮，内有该虫排下的细小黑色虫粪，在被害的叶片上可见迂回曲折的灰白色蛇形隧道。当叶内幼虫较多时，会使得整个叶片发白、腐烂，并引起全株死亡。

（2）防治措施　①适时灌溉，清除杂草，消灭越冬、越夏虫源，降低虫口基数。②掌握成虫发生期，及时喷药防治，防止成虫产卵。③幼虫危害初期，喷洒 1.8% 阿巴丁乳油 3 000 倍液、40% 斑潜净乳油 1 000 倍液、48% 乐斯本乳油 1 000 倍液、5% 锐劲特悬浮剂 2 000 倍液，上述药剂添加效力增水剂 1 000 倍液，可提高防治效果。

（四）食根害虫

食根害虫是指主要生活在土表下，危害草坪草根部及茎基部的害虫，包括蝼蛄、蛴螬、金针虫、地老虎等。

1. 蛴螬

蛴螬是鞘翅目金龟甲科昆虫幼虫的统称。

（1）形态及习性　蛴螬的头部黄褐色，较坚硬；咀嚼式口器发达，主要取食禾草根部；身体乳白色，柔软，多皱褶和细毛；有3对发达的胸足；腹部无足并向腹面弯曲，使身体呈"C"状。成虫统称金龟子，前翅硬化如刀鞘，是危害草坪最重要的地下害虫之一。

蛴螬

金龟子

危害草坪的蛴螬种类很多，主要有华北大黑鳃金龟、毛黄鳃金龟、铜绿丽金龟、中华弧丽金龟和白斑花金龟等。蛴螬取食根部，严重时草坪草植株枯萎，变为黄褐色，甚至死亡。被咬断根系的草皮很容易被掀起，可以像卷草皮卷一样把大片草皮卷起来，这时在草根及地面上能见到许多蛴螬。

（2）防治措施　①成虫防治。成虫有假死性，可人工震落捕杀；利用成虫的趋光性，设置黑光灯进行诱杀；成虫发生盛期，喷洒2.5%功夫乳油3 000～5 000倍液、40.7%乐斯本乳油1 000～2 000倍液、30%佐罗纳乳油2 000～3 000倍液、25%爱卡士乳油800～1 200倍液，消灭成虫。②蛴螬防治。毒土法，虫口密度较大的草坪，撒施5%辛硫磷颗粒剂，用量为30千克/公顷，为保证撒施均匀，可掺适量细沙土。喷药、灌药，用50%辛硫磷乳油500～800倍液喷洒地面，也可用48%毒死蜱乳油1 500倍液灌根。拌种，草坪草播种前，将75%辛硫磷乳油稀释200倍，按种子量的1/10拌种，晾干后使用。③灌水淹杀蛴螬。

2. **金针虫**

金针虫是鞘翅目叩头虫甲科昆虫幼虫的统称。

（1）形态及习性　金针虫身体细长，圆柱形，略扁；多为黄色或黄褐色；体壁光滑、坚韧，头和体末节坚硬。成虫体狭长，末端尖削，略扁；多暗色；头紧镶在前胸上，前胸背板后侧角突出呈锐刺状，前胸与中胸间有能活动的关节，当捉住其腹部时，能做叩头状活动；金针虫很少大量发生到对草坪产生严重危害的程度。主要种类有沟金针虫和细胸金针虫。在每年的4月和9、10月危害严重，咬食草坪根部及分蘖节，也可钻入茎内危害，使植株枯萎，甚至死亡。

（2）防治措施　①栽培防治。沟金针虫发生较多的草坪应适时灌溉，保持草坪的湿润状态可减轻其危害，而细胸金针虫发生较多的草坪则宜维持适宜的干燥以减轻发生。②药物防治。撒施5%辛硫磷颗粒剂，用量为30～40千克/公顷；或用50%辛硫磷乳油1 000倍液喷浇根际附近的土壤。

3. 地老虎

鳞翅目夜蛾科切根夜蛾亚科。

（1）形态及习性　在我国危害草坪草的主要种类是小地老虎与黄地老虎。

小地老虎成虫，体粗壮，长 16～23 毫米，全体暗褐色；前翅有几条深色横线；在内线与中线间有一环形斑，中线与外线间有一肾形斑；在肾形斑外侧有一个三角形小黑斑，尖端向外，与其相邻的亚缘线处有 2 个相似的三角形黑斑，尖端向内，这 3 个黑斑组成的"品"字形，是识别本种的主要特征；后翅灰白色。老熟幼虫体长 37～47 毫米，圆筒形；头黄褐色，胸腹部黄褐色至黑褐色，体表粗糙；在腹部第 1～3 节的背面，各有 4 个深色毛片组成梯形，后 2 个比前 2 个大 1 倍以上；末节的臀板黄褐色，有 2 条深褐色纵带。

黄地老虎成虫体长 14～19 毫米，身体黄褐色；前翅上的横线不明显，而环形斑与肾形斑则很明显；后翅灰白色。老熟幼虫体长 33～43 毫米，圆筒形，稍扁，黄褐色，体表多皱；腹部背面的 4 个毛片大小相似；臀板黄褐色，由中央的黄色纵纹分开呈 2 块大斑。

小地老虎成虫及幼虫

地老虎以幼虫危害草坪植物。低龄幼虫将叶片咬成缺刻、孔洞，高龄幼虫则在近地表处把茎部咬断，使整株枯死。大发生时，草坪呈现"斑秃"，造成严重危害。重要天敌有中华广肩步甲和螟蛉绒茧蜂等。

黄地老虎成虫及幼虫

地老虎破坏的草坪

（2）防治措施　①及时清除草坪附近杂草，减少虫源。②诱杀成虫。毒饵诱杀，在春季成虫羽化盛期，用糖醋液诱杀成虫，糖醋液配制比为糖6份、醋3份、白酒1份、水10份加适量敌敌畏，盛于盆中，于近黄昏时放于草坪中；灯光诱杀，用黑光灯诱杀成虫。③用幼嫩、多汁、耐干的新鲜杂草（酸模、灰菜、苜蓿等）70份与25%西维因可湿性粉剂1份配制成毒饵，于傍晚撒于草坪中，诱杀3龄以上幼虫。④幼虫危害期，喷洒2.5%功夫乳油3 000～5 000倍液、40.7%乐斯本乳油1 000～2 000倍液、30%佐罗纳乳油2 000～3 000倍液、25%爱卡士乳油800～1 200倍液、75%辛硫磷乳油1 000倍液；也可用50%辛硫磷乳油1 000倍液喷浇草坪；或撒施5%辛硫磷颗粒剂，用量为30千克/公顷。

4. 蝼蛄

直翅目蝼蛄科。

（1）形态及习性　身体长圆筒形，触角短，前足粗壮，开掘足，端部开阔有齿，适于掘土和切断植物根系；前翅短，后翅长，危害草坪的主要有东方蝼蛄与华北蝼蛄。这2种蝼蛄的主要区别是后足胫节背面内侧刺的数目，东方蝼蛄为3根或4根，华北蝼蛄是无或1根。

东方蝼蛄属世界性害虫，在我国也普遍发生，以南方危害严重。蝼蛄为昼伏夜出型昆虫，以晚9～11点活动旺盛。喜欢在温暖潮湿的壤土或沙壤土中生活。土壤温度对其活动影响很大，一年中有春季与秋季两个危害高峰时期。

蝼蛄的成虫与若虫均产生危害，一种危害方式是咬食地下的种子、幼根和嫩茎，把茎秆咬断或撕成乱麻状，使植株枯萎死亡。另一种危害方式是在表土层串行，形成大量的虚土隧道，使植物根系失水、干枯而死。

（2）防治措施　①灯光诱杀成虫。特别在闷热天气、雨前的夜晚更有效，可在晚上7～10点灯诱杀。②毒饵诱杀。用80%敌敌畏乳油或50%辛硫磷乳油0.5千克拌入50千克煮至半熟或炒香的饵料（麦麸、米糠等）中作毒饵，傍晚均匀撒于草坪上。但要注意防止畜、禽误食。③毒土法。虫口密度较大的草坪，撒施5%辛硫磷颗粒剂，用量为30千克/公顷，为保证撒施均匀，可掺适量细沙土。④灌药毒杀。用50%辛硫磷乳油1 000倍液、48%毒死蜱乳油1 500倍液灌根。

（五）其他有害小动物

该类小动物虽不直接以草坪草为食，但由于其生活方式特殊，常常对草坪造成间接的危害，影响草坪景观。

1. 蚂蚁

（1）形态习性　蚂蚁属膜翅目，蚁科。大部分蚂蚁为社会性昆虫，群居于穴巢内，能筑巢，堆土。由于蚂蚁的筑巢和打洞，往往使草坪草的根裸露而死亡。蚂蚁有堆土习性，在洞口筑成蚁山，因而在草坪上形成许多小土堆，影响草坪的景观。有的种类如红外来火蚁，不仅危害草坪，而且叮咬人体，使皮肤变红、痛痒。

草坪中常见的蚂蚁有小黑蚁、草地蚁、切叶蚁以及红外来火蚁等。

（2）防治措施　蚂蚁大发生时，可用50%辛硫磷乳油1 000倍液、48%毒死蜱乳油1 500倍液、5%顺式氯氰菊酯1 000倍液浇灌蚁洞。

2. 蚯蚓

（1）形态习性　蚯蚓属环形动物。身体圆筒形，细长，体长可达几厘米，有许多环节组成。蚯蚓生活于草坪的土壤中，取食土壤中的有机物、草坪枯叶、根等，夜间爬出地面，将粪便排泄在地面上，在草坪里形成许多凹凸不平的土堆，影响草坪的美观。

（2）防治措施　防治蚯蚓可用14%的毒死蜱颗粒剂22.5千克/公顷（1.5千克/亩）或用40.7%的毒死蜱乳油浇灌，用量2升/公顷（0.133升/亩），兑水200升。

3. 鼠类

（1）形态习性　鼠类是小型的哺乳动物，如地鼠、鼹鼠、甲鼠等，它们常在草地中挖出大量洞穴，在地下打隧道、筑巢穴或寻找食物等，对草坪造成严重危害。

（2）防治措施　用毒饵，在1平方米草地上用50%毒死蜱可湿性粉剂4.5克加水2升并与18克的糖或干饲料充分拌匀撒施。用专门的诱捕器捕捉等。

附：常见问题分析

1. 草坪病害发生的原因有哪些?

第一，单一种植感病草种或品种，常是病害大发生的主要原因。

第二，草坪草病原数量积聚到一定程度，就会对草坪草有较强致病性。

第三，气象、土壤和栽培管理条件对草坪草的发病也有影响：温度、湿度、雨量和雨天数等对于茎叶部病害的发生起关键性作用。土壤质地、理化性质、肥力、水分以及植物根微生物等与草坪根病发生有密切关系。植物遭受冻害、冷害、旱害或渍害后可能导致特定病害的异常发生。

第四，种子、草源本身带病。

第五，栽培管理不当是草坪病害发生的主要原因之一。草坪草营养失衡：土质中氮肥含量过多而磷钾肥含量不足，过多的氮肥会导致草坪草旺而不壮，使得草坪草抗性降低，容易发病。草坪草土壤利用率高，一年种植2～3茬，部分地区甚至达到4茬，导致土质恶化。草坪基地的草坪在出售时铲去5厘米左右的土壤，土壤被逐渐铲走，使得草坪草营养失衡，抗性降低。栽培管理因素如建坪地点、播种时间、植株密度、水肥管理、修剪、草坪更新等对病害的发展都有直接或间接影响。

2. 草坪虫害发生的主要原因有什么?

草坪虫害防治是草坪常见的问题,不少草坪在移植后出现了虫害导致草坪成活率很低。造成虫害的主要原因是在草坪种植之前土壤没有经过一系列的杀虫处理,或者处理的力度不够。

3. 如何预防草坪虫害的发生?

在种植草坪前,首先对该土地进行深翻,深翻时注意将一些大虫子幼虫进行处理,并将土地进行阳光杀毒,在翻后使用充分腐熟的有机肥,并且配合人工诱杀捕杀,最主要是使用即利用天敌或病原微生物防治,采用有机磷化合物为主的杀虫剂对地表进行喷射,喷射时一定要注意时机,只有把握好时机才能做到对虫害一次性治理的作用。

4. 同一种草坪病害一般是由同一种病原菌引起的,在不同的草坪草种上,同一种病害的症状是否相同?

不同。不同草坪草种对病害的抗性不同,管理措施和修剪高度都不同,因此,即使是同一种病害,其表现出来的症状也会有所不同。

5. 有时在实践中发现,草坪修剪后场地显出很多枯黄的斑块,但又不是病害,这是什么原因造成的呢?

这种现象主要是草坪修剪不及时或者没有按1/3修剪原则操作造成的。虽然草坪草叶片一般细长直立,有利于阳光照射到植株下层,使下层的叶片吸收到足够的光照。但如果修剪不及时,草坪草生长过高,会导致植株下层叶片因长期不能吸收足够的光照而枯黄。修剪时,又不按1/3原则操作,一次剪掉过多的绿色叶片,下层枯黄的叶片显现出来,就会出现黄斑。

6. 目前草坪修剪中有一种药剂修剪,这种修剪方法应用广泛吗?

药剂修剪主要是指通过喷施植物生长抑制剂如多效唑、烯效唑等,来延缓草坪枝条的生长,降低草坪养护的强度。对于因地形障碍等因素难以保证草坪及时修剪的地方,可以考虑用草坪生长调节剂来控制草坪草生长。但研究表明,药剂修剪会使草坪草的抵抗能力下降,容易感染病虫害,对杂草的竞争力下降,最终使草坪的品质下降。因此,药剂修剪草坪还没有得到广泛的应用。

复习思考题

1. 什么是草坪病害?草坪病害有哪些症状?
2. 草坪病害发生的原因有哪些?
3. 如何综合防治草坪虫害?
4. 当地草坪常见的病害、虫害有哪些?

第六章　常用的草坪机械及其保养

【知识目标】

了解常用草坪机械的种类。

【技能目标】

1. 掌握常用草坪机械的使用方法。
2. 掌握常见草坪机械的保养存放方法。

第一节　常用草坪机械

通用的草坪机械可分为建植机械与养护管理机械两大类。

一、草坪建植机械

草坪建植机械包括地面整理机械、播种与移植机械。

（一）地面整理机械

1. 整地机械

指用于坪床的造型、排灌管路铺设的开沟、土块的粉碎、地面的平整修复等机械，如挖土机、推土机、开沟机、碎土机、刮铲、刮耙机、耙、镇压器等。

（1）耙　用犁耕翻过的土地，土壤的松碎和平整程度不能满足草坪播种需求，需用耙来进一步平整。

（2）镇压器　土壤在耙平后和种子撒播后用镇压器镇压，使土壤平整，使种子与土壤接触，利于土壤下层水分上升，加速种子发芽。一般镇压辊由拖拉机牵引作业。大多数平面镇压辊为钢板焊接的空心辊，直径0.4～1.0米，镇压宽度为1.2～2.7米。若增加辊的重量可以在滚筒内装水、沙子等。加重的镇压辊主要用于运动场草坪的镇压养护管理。

2. 耕作机械

指能翻起土垡，破坏原来土壤结构的机械，如铧式犁、旋耕机、松土机等。

（1）铧式犁　翻耕土壤，对杂草具有覆盖作用。铧式犁主要有悬挂铧式犁、机引双壁铧式犁、翻转铧式犁等，其中翻转铧式犁能同向翻转土垡，大大提高整地机械的适应能力，目前普遍采用180°翻转犁。

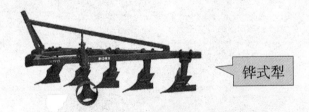

铧式犁

（2）旋耕机　旋耕机具有良好的碎土和混土性能，对肥料与土壤的混合能力强，但对杂草的覆盖能力比犁差，且耕深较浅，能量消耗大。旋耕机有手扶式旋耕机和牵引式旋耕机。手扶式旋耕机适用于小面积的旋耕，一般采用1.6～5.3千瓦的单缸、风冷发动机为动力，作业宽度最大为1米。牵引式旋耕机用于大面积的旋耕。

手扶式旋耕机

草坪旋耕机的旋刀的刀头形式有镰式刀、砣刀和S形刀。镰式刀用于一般坪床的耕作，在杂草或匍匐根较多的土地翻耕时，杂草或匍匐根易缠在刀上，这时应使用砣刀。砣刀刃幅宽，工作方向与镰式刀相反，不易被杂草缠住，但机器功率消耗和刀的磨损大。S形刀是具有加长弯曲端部的砣刀，但切刀的数量比砣刀少。

牵引式旋耕机

（3）松土机　由于犁的碎土性能有限，在用犁翻耕过的土地，还需进一步松土作业。弹齿式松土机是用拖拉机牵引，由机架和安装在机架上的一些用于碎土和松土的弹齿犁组成。作业宽度为1.2～8米，随挂接的拖拉机功率不同而变化。

手扶松土机

牵引松土机

（二）播种与移植机械

1. 播种机械

（1）按照种子下落的形式分　可分为点播机和撒播机。点播机是指靠种子或化肥颗粒的自重下落来实现播种，也叫跌落式撒播机。这种机械适用于小面积的补播。撒播机是靠星式转盘的离心力将种子向四周抛撒实现播种的机械。抛撒的量通过料斗底部落料口开度的大小调节。抛撒距离取决于转盘的转速。

（2）按照操作形式分　可分为手持式撒播机、肩挎式撒播机、推行式撒播机和拖带式撒播机。前两种撒播机适合小面积的草坪播种，后两种撒播机适合大面积的草坪播种。

2. 喷播机

喷播机也叫喷植机，分气流喷播机和液压喷播机。

（1）气流喷播机　适用于无性繁殖的草种，多用于播种后对坪床的覆盖作业，也叫草坪喷铺机。主要由机架、输送器、风机和喷洒器组成。

气流喷播机

（2）液压喷播机　是以水为载体，将经过处理的植物种子、纤维覆盖物、黏合剂、保水剂及植物所需要的营养物质，经过混合、搅拌，再喷洒到需要种植的地方。主要由车架、搅拌箱、机动泵和喷枪组成。

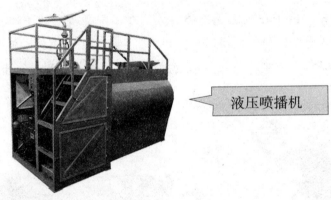

液压喷播机

3. 草坪补播机

对草坪管理不善或利用不当使草坪稀疏或有缺斑现象，需要进行补种或再次播种。草坪补播有专门的补播机，它由独立浮动安装的圆盘、种子箱和圆辊组成。圆盘的作用是开沟，种子从种子箱中通过导管撒入圆盘所开的沟，辊子是用于将草种与土壤压实，若土壤较坚硬，辊子还可以浇水，使土壤软化后再播种。

4. 草皮移植机

可以把草坪切成一定厚度和宽度的草皮块或草皮卷，有手扶自行式草皮移植机和大型联合移植机两种类型。

（1）手扶自行式移植机　配有4～6千瓦的发动机，30～45厘米的铲刀。门形的铲刀通过振荡式铲割将草皮和地面分离，侧面的割刀定宽度割离草皮。铲刀的切入角度可以通过调整后轮高度加以改变，同时草皮的厚度也可以调节。这种移植机使用灵活，机动性好，适用于小面积或零散地块的草皮基地。

（2）大型联合移植机 由牵引的拖拉机、铲割机构、输送机构、分垛打卷机构等部分组成。这种机械用于大面积草皮生产基地。

二、草坪养护管理机械

草坪养护管理机械一般包括修剪机械、施肥机械、修边机械、打孔机械、滚压机械、喷灌或喷洒设备等。

（一）修剪机械

草坪修剪机由刀盘、发动机、行走轮、行走机构、刀片、扶手、控制部分组成。按工作装置与割草方式可分为旋刀式剪草机、滚刀式剪草机（也叫滚筒剪草机）、甩刀式（链枷式）剪草机、剪刀式剪草机、甩绳式剪草机。在草坪上常用的就是旋刀式剪草机和滚刀式剪草机两类。甩刀式与甩绳式剪草机有时也叫割灌打草机，用于草坪面积不大，地形或工作环境较复杂或修剪精度要求不高的草坪。

不同类型剪草机的比较

剪草机类型	剪草高度/厘米	留茬高度/厘米	适应性	质量
滚刀式	0.3~9.5	0.2~6.5	需求管理水平较高，低修剪的运动场草坪，如高尔夫球场果岭。修剪的草坪平整干净，草细匀	优
旋刀式	3~18	2~12	一般的草坪草，修剪的草坪较平整，粗匀	良
剪刀式	自然	3~5	杂草与细灌木或公路两侧和河堤的绿地，修剪的质量差	中
甩刀式	自然	5~8	杂草与细灌木，修剪的质量很差	差

按刀头与剪草车体的相对位置可分为前置式剪草机、中置式剪草机、后置式剪草机和侧置式剪草机。旋刀与滚刀式的刀头可以设在剪草机车体的任何方位，但甩刀式与剪刀式刀头一般只有前置和侧置形式。

按操作部分的结构可分为手扶式剪草机、推行式剪草机、坐骑式剪草机及剪草拖拉机，其中手扶式剪草机又分自行手扶式剪草机和非自行手扶式剪草机。不同用途的草坪，不同的养护管理水平，也需要不同的剪草机械。一般推行式和手扶式剪草机剪幅范围为30~70厘米，坐骑式剪草机与剪草拖拉机的剪幅范围为70~500厘米。多数剪草机带集草和侧排功能。

剪草机型号说明，如"6HPI/C21″草坪修剪机"："6HP"指发动机的功率为6马力（4.5千瓦）（HP为英文Horse Power的缩写，即"马力"），"I/C"指I/C

发动机，"21""指修剪的幅宽为21英寸（53厘米）。

1. 滚刀式剪草机

滚刀式剪草机

（1）适用范围　用于地面平坦，质量较高的草坪。如高尔夫球场的果岭等，适应修剪如狗牙根、剪股颖等需低修剪的草坪草，不适宜用在管理较粗放的高草草坪或地面不平整的草坪上。国内多见于高尔夫球场，其他场合使用较少。

（2）修剪质量　取决于滚刀上的刀片数、刀刃锋利程度和滚刀的转速。刀片数越多，越锋利，滚刀转速越高，所剪下的草就越细，修剪的质量就越高。

（3）类型　滚刀剪草机有手推步进自行式、坐骑式、大型拖拉机牵引式、悬挂式等。滚刀式剪草机驱动滚刀旋转有3种形式，行走轮通过齿轮传动、发动机驱动、电力驱动。

2. 旋刀式剪草机

旋刀式剪草机

（1）适用范围　普通的草坪均可使用，但剪草的质量较差，不能用于像高尔夫球场果岭等要求极高修剪的草坪上。

（2）修剪质量　取决于刀刃的锋利程度和刀旋转的速度。

（3）类型　可分为手推式和乘坐式。

乘坐式剪草机

驱动旋刀旋转的是发动机或电力。有一种特殊的旋刀剪草机是靠旋转刀片形成的气垫托举起整机，叫气垫式剪草机。托举高度为修剪留茬高度，由于气垫式剪草机无轮胎，浮动在草坪表面工作，因此，适于小面积平缓过渡及起伏较大的地方，如护坡草坪或高尔夫球场沙坑边坡的修剪等。

3. 甩刀式与剪刀式剪草机

甩刀式剪草机的刀旋转平面与地面垂直。剪刀式剪草机像剪刀一样来剪草。这两种剪草机主要用于杂草与灌木的修剪，也可用于草种混杂的环保或护坡草坪。有一种大型甩刀剪草机的工作头安装在一液压臂上，通过液力驱动刀旋转。这种剪草机专用于公路两侧和河堤的绿地割草。

甩刀式剪草机由于刀片割草作业时在离心力的作用下与农村手工打麦用的链枷很相似，因此也叫链枷式割草机。甩刀式剪草机有小型步进式（剪幅约 75 厘米）和大型剪草机（剪幅约 2.3 米）。

4. 甩绳式剪草机

适用于树下草坪草或细灌木、杂草的修剪。通过发动机转动尼龙绳或钢丝绳将草割掉，这种剪草机由于是肩挎式，用手来调整剪草的高度。操作时要注意安全，最好戴上防护眼镜和穿工作靴。

（二）草坪施肥机械

草坪上的施肥，有专用的施肥机，颗粒肥料也可使用播种机械，液体肥料使用喷药机喷洒。

草坪施肥机械有手推式施肥机和拖拉机驱动施肥机。前者主要用于小面积草坪地的施肥，而后者一般用于大面积的草坪上，有各种各样型号，施肥的料斗容量 70~2 500 千克，施肥幅宽 5~12 米。根据草坪的管理要求和草地面积大小来选择不同施肥机，管理要求比较高的运动场草坪上一般选择专门的施肥机。专用的草坪施肥机有滴式施肥机和旋转式施肥机，用于施颗粒肥料。

1. 滴式施肥机

漏斗底部有一排孔，通过离地面几公分的小孔，颗粒肥料直接落到草坪上。通过调节孔的大小和行走速度可控制施肥量，它的特点是施肥精确均匀，操作简便，其工作幅宽一般是 60 厘米或更小，特别适合施用颗粒细小的肥料。需注意的是施肥的行间重叠必须合理，既不能因叠盖太少而留空当漏施，也不能因叠盖太多而形成深色条纹。

2. 旋转式施肥机

也叫离心式或气旋式施肥机。多数在漏斗下面有一个连接推进器的可旋转的施肥盘，施肥盘转动时，经漏洞落下的肥料被以半圆形掷出，旋转式施肥机的工作幅宽可达 1.8~18.3 米，而且施肥快。由于其施肥幅度相交的边缘不像滴式施肥机那样明显，所以不易形成条纹，但其施肥不如滴式施肥机准确均匀，需要合理控制行走路线，以叠盖适当。由于较大较重的肥粒散布得更远，所以旋转式施肥机不适合施用由不同颗粒组成的混合肥料。

(三) 打孔通气机械

1. 打孔机

打孔的主要目的主要是为了增加土壤的透气性、透水性，能够帮助植物更好的吸收养分，切断根茎和匍匐茎，刺激新的根茎生长。

(1) 手工打孔机　用于一般动力打孔机作业不到的地方，如树根附近，花坛周围及运动场球门杆周围等。

(2) 动力打孔机　有小型手扶打孔机、大型刀辊或刀盘滚动式打孔机。小型手扶打孔机适用于各种草坪的打孔作业，大型动力打孔机适用于大面积绿地的打孔作业。根据打孔通气的要求不同，打孔机的刀具也有所不同，一般分 4 种类型。

大型动力打孔机

1) 扁平深穿刺刀　主要用于深层土壤的耕作与通气。

2) 空心管刀　主要用于草坪的打孔通气。空心管刀可将原有的土壤带出，这样可以添加新土，在不破坏原有土壤结构时，更新土壤，利于肥料进入草坪根部，加快水的渗透与扩散。

3) 圆锥实心刀　主要用于积水的草坪，让水流入洞内，使草坪干燥。

4）扁平切根刀　主要用于切断草坪草盘结的根，达到通气的作用，促进草坪草的生长。有许多打孔机的空心管刀和圆锥实心刀是可以互换的。

2. 切根梳草机

草坪梳草机的活动刀片在机械离心力的作用下能有效地消除枯草层，减少杂草蔓延，改善表土的通气透水性，促进草坪生长，恢复草坪健康。

切根梳草机有各种类型，有手扶梳草机与拖拉机悬挂梳草机，小型手扶梳草机一般由一台功率为2.2～3.7千瓦的单缸风冷汽油发动机为动力，梳草宽度为46厘米，一台12千瓦小型拖拉机悬挂的梳草机的梳草宽度为1.1米。

（四）草坪滚压机械

在草坪建植里坪床准备的最后一道工序为滚压，在播种后还要进行滚压，滚压的目的是提高场地的硬度和平整度，控制草坪草向上生长，促进草坪草分蘖。专用草坪滚压机有手扶式和乘坐式两种。滚压机的滚压幅宽为0.6～1米，重量为120～500千克。滚压机拖带的滚筒一般是重量可调的空心滚，根据土壤状况和草坪建植需要注水或沙来调节使用重量。大型拖拉机牵引的滚压机幅宽可达2米以上，重量可达3 500千克。

（五）草坪修边机械

修边机也称切边机。为了保持草坪边缘的整齐美观，常用修边机来修整。修边机有手持式电动机驱动的修边机、小型手推式修边机、大型拖拉机驱动的修边机。

（六）覆沙机

覆沙机主要用于撒种、梳根后覆土，也可用于补播种子。有助于改良表层土壤结构，调整草坪平整度。

覆沙机

（七）喷灌设备

草坪的灌溉有喷灌、沟灌、浇灌等，多采用喷灌方式。喷灌受风的影响较大，一般3～4级风以上，部分水滴被风吹走，灌溉的均匀度会大大降低；如果温度过高，空气干燥，水滴蒸发损失可达10%。

1. 喷灌机

草坪应用最多的移动式喷灌系统是卷盘式（自卷管）喷灌机，由绞盘和喷头车组成，其工作原理是利用压力水驱动水涡轮旋转，通过变速机构带动绞盘旋转，随绞盘旋转，输水软管慢慢缠绕到绞盘上，喷头车随之移动进行喷洒作业。

2. 喷头

草坪用喷头种类繁多，为喷灌系统的关键部分。不同喷头的工作压力、射程、流量及喷灌强度范围不同，用于草坪的喷头根据工作压力（或射程）的大小可分为低压喷头、中压喷头和高压喷头。根据喷头的结构形式和水流形状又分为庭院式喷头、埋藏式（上喷式）喷头和摇臂式喷头3大类。

（1）庭院式喷头　庭院式喷头多数为低压喷头，以自来水为主要水源，适用于公园、机关、厂区绿化、街道绿地及庭院内的小片草坪和花卉的喷水。

1）手持式喷头　外形类似手枪，造型简单，能开关，通过快速接头与水管连接。大多集多种喷嘴于一身，转换喷嘴可喷出不同水形。常用型号有国产的PS型、以色列的LP3M、LP5型等。

2）摇摆式喷头　主要由孔管、曲柄机构、水涡轮等构成，工作时水流驱动弧形喷臂摇摆。多孔射流，喷出水线如风中杨柳左右摇摆，景致优美。喷洒面多为矩形，可通过调整曲柄机构来控制喷管摆幅大小。主要型号有L111、L100B、PB等。

3）旋转式喷头　主要有孔管式、甩片式等几种，孔管式喷头的每一孔管上有多个出水口，利用喷出水流的反作用力旋转，水形美观，如PK孔管式和252式。甩片式喷头则是利用水流冲击力旋转，雾化效果好且价格便宜。

4）固定散射式喷头　分地埋式和地上式两种，水呈膜状散射喷出，雾化效果好，具喷泉效果。有的角度可调（0°~360°），可适应复杂不规则地形，有的通过更换喷嘴可获得圆形或矩形喷洒面，其中矩形喷洒面的喷头对一些长条形绿化带的喷水极为适宜。雨鸟的1800系列均属于这类喷头。

5）花式喷头　集多种喷头于一身，通过旋转其外罩，对准不同的喷嘴，能喷出最多十余种喷形的水流，可适用更为复杂的不规则的小块草坪。

（2）埋藏式（上喷式）喷头　草坪专用，不用时喷头埋藏在地下，顶部与地面平齐，可承受人与剪草机碾压，便于管理和行动。工作时升降体在水压作用下自动升起，水流从升降体顶部喷嘴喷出。停水（失压）后，升降体在重力和弹簧恢复力作用下自动返回外壳。

1）内水流驱动式　工作时升降体伸出，水流从升降体顶部喷嘴以射流状喷出，升降体边喷边自动旋转。旋转角从20°~360°，多数在45°~90°以整数变化。如雨鸟R50系列、F4系列等，其射程及流量大都可调。该类喷头由内水流驱动，是欧美最流行的一类喷头，依其具体驱动方式有可分为齿轮驱动式、滚球驱动式、水涡轮驱动式和活塞式，其中又以前两种居多。

2）埋藏摇臂式喷头 相当于在喷头外罩内安装了一个摇臂式喷头，喷头伸出地面后借助水流冲击摇臂撞击喷管转动，按即定角度喷洒，中小型摇臂喷头多由塑料制成，大射程摇臂喷头多由铜铝合金制成。该类喷头一般体积大，但结构简单，工作可靠，且价格便宜。

3）散射式埋藏喷头 喷头升降体升出地面后并不旋转，水由喷嘴呈固有或设定好的喷洒角度散射出去。这类喷头射程一般5米以下，雾化效果较好，多用于小面积草坪喷灌，大面积使用能塑造出壮观的喷泉效果，该类喷嘴型号众多，有的型号可在0°～360°内调整，还有的能喷出正方形或长方形。

（3）摇臂式喷头 转动机构是一个装有弹簧的摇臂，工作时摇臂在喷射水流的反作用下旋转一定角度，然后摇臂反弹，在其反作用力及切入水流后的切向附加力作用下，撞击喷管转动一定角度，然后进入第二个循环，不断重复。转向机构可在20°～340°范围内调整，进行扇形喷洒，脱开转向机构可做360°全圆旋转，可适应各种复杂地形。当喷头布置在地块边缘时，为防止溅起的水花淋湿道路或建筑物，还设计了专用精确喷管。

（八）喷洒机械

用于喷洒化学药剂，如杀虫剂、除草剂等，喷洒剂也可喷洒液体肥料。按照喷洒物体的不同和喷洒出物体的颗粒大小分，有喷雾机、喷粉机、弥雾机、超低量喷雾机、静电喷雾机、喷烟机等；按动力配备方式可分为手动式与机动式；按机器的配置形式可分为手扶式、背负式、担架式、牵引式、悬挂式和自走式。手动喷雾机一般结构简单、轻便，但劳动强度较大，效率低。工作压力可达392.266～588.399千帕。弥雾喷粉机是用一台机器更换少量部件，即可进行弥雾、超低量喷雾、喷粉、喷洒颗粒、喷烟等作业。超低量喷物机具有用药量少、雾滴细、黏着力强，分布均匀、药效持久等优点。

第二节 草坪机械的保养

一、草坪机械操作与保养原则

（一）草坪机械操作规范

操作工上机前按厂家提供的使用说明书使用和操作机器。操作人员要了解机械构造、工作原理和使用要求，掌握机器操作要领之后才可以操作。机械使用过程中要树立安全意识，按要求安全使用机械。

（二）草坪机械保养原则

草坪机械养护应遵循"一个重心，两个基本点"原则。一个重心指草坪机械养护的重点养护对象是发动机，两个基本点指做好草坪机械的日常养护和特殊季节养护。

二、草坪机械的具体保养方法

（一）制定保养制度及计划

建立草坪机械设备维护保养制度、零配件保管制度、设备保养周期、维护保养项目等相关规程。按厂家提供的使用说明书，制订日常和定期的维保计划，包括具体时间安排、应维护保养的设备、保养负责人员等。维护保养内容包括设备的外部除尘、加油、紧固及内部清洁、局部检查等维护保养。对于定期的预防性维护保养，应对设备的主机部分或部件进行检查，必要时更换易损部件，以降低设备故障发生率。同时，做好维护与保养记录。

（二）草坪机械养护方法

1. 发动机养护

发动机是一切动力的源泉。要做到以下几点：使用合适的燃油；保持排气口的清洁（清除灰尘、草屑）；清除扇叶和风扇罩里的草屑和尘粒，防止过热，降低效率；根据使用，定期更换或清洗空气滤清器；清洁火花塞；保持启动器是坚固的和可以操作的。

2. 日常养护

日常养护应做到以下几点：引或悬挂方式的机械，注意对拖拉机的保养（发动机、点燃系统、冷却系统、转动装置、差速器、皮带、液压系统、空气滤清器、润滑系统等）；运动配合的部件作业前和定期进行检查，加润滑；对有刀片的机械（剪草机、切边机、梳草机、粉碎机），检查切割部位，保证锋利，在草坪以外使用时不能随意将打孔刀放下；对有传动皮带或传动链的，经常检查紧张程度；蓄电池为动力源的机械，经常检查蓄电池容量，及时充电；使用前及时清洁。

3. 特殊季节保护

特殊季节（冬季）保护应做到以下几点：对于发动机，要将油箱里的燃油排尽，排尽发动机里的润滑油，并注入干净的润滑油；对于点火系统，一定要确保电池充满了电，在电池两极涂上润滑脂或类似的保护，以免受腐蚀。如果在寒冷的地方保存设备，为避免电极溶液结冻，要取出电池，储藏于温暖的地方，点火系统最好不要受潮；对于传动系统，要检查润滑油的量是否适宜，并防止受潮；对于冷却系统，要加入新防冻剂；对于液压系统，要检查密封剂和机油量是否恰当，一定要避免在液压系统里冷凝；对于汽化器，要排尽所有的汽油，以避免结胶；对于橡胶表面，为减缓老化，可在表面涂上一层保护材料；对于金属表面，为了避免生锈腐蚀，冬天所有要保存的设备表面都应喷上一层漆；对于切割部分，为了避免生锈或凹蚀，应该在新磨好的滚筒刀片和床刀上涂上一薄层润滑油或润滑脂；对于喷雾器，要打开贮液箱，并保持其通风干燥，为了防止冻结，一定要确保泵里没有水；对于喷粉机，在保存前清洁，干燥后涂上油漆、润滑油或润滑脂；对于施肥机，一定要清洗掉所有的残留物，干燥后涂上润滑油或润滑脂保存；对于碾压滚，一定要排尽其中的水，干燥后保存；对于自动卸货部件和拖斗，要置于较高的位置，以避免水、冰或其他杂物的积累，防止对金属或木制表面造成腐蚀。

另外，在使用机械前要仔细阅读使用说明书，熟悉各项性能参数（如速度、范围等），掌握操作规范。超过设备允许的使用极限对工作人员、对机械都是十分危险的，而且还可能损坏草坪。同时，不规范的操作可能带来超过保修范围内的损坏，增加维修费用。对于使用说明书里没有涉及的内容可以询问当地经销商。

除了按照说明书中规定的间隔对机械进行定期养护外，若作业期间机械使用强度大，使用频率高，机械工作环境恶劣，一定要进行不定期的检查和维护。最好能结合草坪的季节养护制定设备养护计划表，这样才能最大限度地发挥机械正常功能，保证工作的连续性，降低机械养护成本。

附：常见问题分析

1. 为什么要停机 15 分钟后才能加注燃油？

草坪机都是风冷机，机器在使用一箱油后，其机壳和消音器的温度很高，如果一停机就加油，可能造成火灾。所以，应冷却 15 分钟后再加油。另外，每使用一箱油冷却一下，降低机体温度后再运行，有利于减少机器的磨损。因为，连续高温运行会降低机器寿命。同时，保持机壳的干净和机油的品质及合适的用量，可以控制机器温度的升高，这也是提高机器寿命的必要手段。

2. 草坪机为什么不能在斜坡上剪草？

禁止在坡度超过 15°时剪草。因为超过此坡度，坐骑式可能会发生倾覆，导致人身伤害。使用扶行式草坪机也极难掌握平衡，容易滑倒受伤。在坡度小于15°的斜坡上，坐骑式只可沿斜坡直线上下使用，扶行式草坪机只可沿斜坡横线来回使用。这是因为草坪机的汽油机是飞溅式润滑，超过一定坡度后，机油会向一边倾斜，使飞溅轮打不到机油，从而影响润滑效果，严重的会使机器严重磨损并毁坏。

3. 为什么下雨或浇水后，草坪有水时不能剪草？

第一，草坪上有水时，在剪草时，人员可能发生滑倒的情况，造成事故。

第二，草坪修剪时，草的叶面会有创面，如果有水，其感染病害的概率会加大。

第三，草坪有水时剪草，会使草坪机排草或集草困难，草屑沾附于刀盘，影响剪草。

4. 扶行式草坪机为什么要有安全控制手柄？

草坪机的安全控制手柄是控制飞轮制动装置和点火线圈停火开关的。按住安全控制手柄，则释放飞轮制动装置，断开停火开关，汽油可以启动和运行。反之，放开安全控制手柄，则飞轮被刹住，点火线圈停火开关接上，汽油机停机并被刹住。即只有按住安全控制手柄，机器才能正常运行，反之则停机。所以，运行时，切不可用线捆住安全控制手柄。同时，当运行中遇到紧急情况时，放开安全控制手柄即可。

5. 草坪机剪草时为什么要用大油门？

旋刀式剪草机剪草时是依靠刀片的高速旋转来剪草的，如果刀尖的线速度不够，则剪草的效果不好。所以，剪草时要用大油门高转速。另外，草坪机的汽化器和自动调速装置使其在大油门如无负荷时，其油耗也不高，只有当其有负荷时，其转速会从空载的 3 400 转/分达到 2 800 转/分。所以，大可不必因为要省油而用小油门，同时剪草效果又不好。

6. 为什么不能改变草坪机调速装置？

草坪机的转速在出厂时是设置好的，不得擅自改变。如果调高转速，可造成机器温度过高，加快机器的磨损；同时，调高转速，活塞和曲轴对连杆拉力有可能超出连杆所能承受的范围，造成连杆断开，将缸体打破，机器报废；如果调低转速，机器出力不够，将影响使用效果。

7. 为什么机油要定期更换？

草坪机正确牌号的机油对机器的作用是：润滑、降温、清洗、加强活塞密封。机器使用一段时间后，空气中的粉尘和机器磨损的金属屑进入机油，机油受热、运动，其各种性能都会下降，如不及时更换机油，将会加速机器的磨损，降低机器的使用寿命，甚至会造成抱瓦、拉缸、连杆断裂的事故。因此，应按说明书规定定期更换机油，保证机器的正常使用。

8. 为什么要定期清扫、更换草坪机空气滤芯？

空气滤芯的作用是防止灰尘进入缸体，为了避免灰尘进入缸体后所导致的机器零件的提前磨损，应经常清扫和定期更换。机器使用时空抽中的灰尘会沉积在空气滤芯上，使进气量减少，燃烧混合比加大，造成燃烧不完全，功率下降，长时间这样工作会产生积炭，加剧缸体活塞间的磨损，积炭掉在缸体中会造成拉缸，机器功率丧失。所以应及时清扫、更换空气滤芯，以保证机器的正常运行。

9. 为什么草坪机剪草刀片要保持锋利和平衡？

草坪机刀片锋利，修剪出的草坪平齐好看，剪过的草伤口小，草坪不容易得病。反之，不但对修剪的草坪不好，而且对草坪机传动轴的阻力加大，降低了工作效率，增大了草坪机的负荷，运转温度升高，加剧机器的磨损，因此要保持刀片锋利，提高工效以保证机器正常运行。同时，应经常检查草坪机刀片是否平衡，如果刀片不平衡，会造成机器震动，容易损坏草坪机部件，刀片平衡能保证草坪机平稳运行。

10. 草坪车工作时的轮胎压力是多少？

草坪车是在草坪上工作的，轮胎相对软。为了保护草坪，建议工作时其轮胎压力为 0.84 千克/厘米^2，最大气压为 2.1 千克/厘米^2（注意：超压则会爆胎），4 个轮胎应保持同一压力。草坪车轮胎压力过高，运行时还会引起跳动，造成剪草留茬高度不齐。

11. 新装上的连刀器，刚一试机就坏了，为什么？

出现上述问题主要有两种原因：连刀器与曲轴的配合过于松弛或上刀螺钉的紧固没有达到规定的扭矩。机器发动后，曲轴瞬间高速运转，在上述两种情况存在时，曲轴对连刀器上的键部产生瞬间冲击力，在刀片保持静态惯性的条件下，将连刀器剪切，导致其键部断裂。

12. 校过的曲轴为什么不能进行二次校正？

校过的曲轴已经在曲轴内部存在一个内应力，方向朝着曾弯曲的方向，如果校好的曲轴在不精心使用下又产生弯曲，此时若再次校正，曲轴内就产生了方向不同的两个内应力，容易将曲轴扭曲成麻花状，其强度相应下降，装回使用会导致发动机内部其他部件的过早损坏。

13. 为什么草坪车右转时剪草常会有一缕草剪不到？

草坪车的刀片一般为 2~3 片，这一组刀片的排列方向并不是和草坪车直行方向垂直的，而是略带一定角度的，由于这个角度的必要设计，才产生了右转剪草时常会有一缕草剪不到的现象，不过这是个正常现象，这个也就是我们常提及的逆时针剪草的道理之一。

14. 为什么草坪机使用后会发现纸制空滤器上有机油？

发动机机油添加过量是造成上述故障的主要原因。因为过量的机油会在机器运转时通过呼吸阀和呼吸管排出曲轴箱，喷在空滤器上。这将造成空滤器报废。

15. 为什么海绵空滤器上会有机油？

因为海绵空滤器应涂有少量机油才行，这样可以使空滤器发挥更好的过滤尘土的作用。所以，如果发现新机器的海绵空滤器上有机油并非机器有故障。同时每次清洗空气滤芯后应在其干燥后加上少许机油。

16. 发动机的消声器冒黑烟是什么原因？

造成上述故障的原因是进气燃烧的混合比重过大。如果产生这类情况先试将空滤器清理或更新。如故障未排除，则需调整或清洗该发动机化油器。

17. 为什么发动机运转时消声器冒蓝烟？

因为有机油参加燃烧。发现该故障后先检查机油尺，看机油是否过量。如过量，放掉多余机油后再运转 10 分钟。如故障仍未排除，则需要对发动机进行检修。

18. 为什么草坪机热机启动困难？

因为燃烧室闷油所致。如果碰到该故障，应将火花塞拧下并擦干（注意防烫），然后拉几次启动绳，再将火花塞装回，启动发动机。

19. 为什么剪草机在使用过程中不能过多加注机油？

机油在缸体里对机械的各部分进行润滑，是通过机油飞溅轮的作用，不断地把机油溅起，对机械的各部分进行清洁、润滑、降温，如果过多地加注机油反而会造成大量的乳化和气泡，同时也不能把机油溅起，从而不能起到润滑的作用，使缸体的温度升高。所以剪草机在使用过程中不能过多加注机油。

20. 草坪机集草效果不佳原因有哪些？

可能的原因有以下几种：集草袋长期使用没有清理，不清洁、不透气导致集草不畅；排草口长期不清理，积草堵塞排草口，造成排草不畅；刀片磨损过度，刀翼起不到集草效果；发动机磨损，功率损耗过大，刀片旋转速度低导致集草效果不佳。

21. 何为草坪碎草覆盖？有何优点？

草坪修剪机在剪草时既不收草也不侧排，而是把剪下来的草叶在刀盘内即时粉碎，留在原地就是草坪碎草覆盖。草坪经过使用碎草覆盖的草坪机修剪后，留在原地的草粉很细，这时，并不需要集草，草坪看上去十分漂亮，给人的感觉很精细。因为不收草，工作效率可以提高一倍。科学家已经证明碎草覆盖不会生成影响透气、透水、透养分又容易滋生病虫害的致密草毡。草毡的主要成分是叶、茎的纤维素，而非叶片本身，草粉则完全是细屑的草叶，含水量往往高达 85% 以上，因此分解速度非常快，可以促使水分、养分很快分解出来，还给草坪。

22. 为什么坐骑式草坪机不能倒车剪草？

这样做主要是从安全角度考虑，防止在后退时刀盘打出的石块等硬物误伤动物，甚至小孩子。不过，只要刀盘没有旋转，照样可以轻松地后退。

23. 曲轴箱中的机油在机器使用一段时间后为什么会变成黑色？

机油不光有密封、冷却、润滑的作用，还有溶解积炭的功能，能把发动机缸筒中燃烧时附着在缸壁和活塞表面上的积炭溶解清洗掉，同时将发动机运转中产生的金属粉末溶解并悬浮在机油中，同时使发动机内部部件保持清洁，减少磨损。随着发动机工作时间的加长，机油中溶解的积炭及金属粉末会逐渐增多，机油的颜色就会逐渐加深变成黑色。

24. 有的发动机上标有 OHV，OHV 什么意思？有什么特点？

OHV 是英文 Over Head Valve 的缩写，中文译为"顶置排气门"。其特点是：排气门不像通常那样位于缸体侧部而是位于发动机顶部；在同样排量下，OHV 可以增大输出力矩，运转温度降低，工作效率提高，节省燃油。

25. 为什么有的草坪机功率小反倒剪草有力？

不同国家的草坪机的功率标注采用不同的方法，有的标注是在最高转速下的最大出力，有的标注是额定转速下的出力，所以，有的草坪机功率大，出力却不大；有的功率小，出力反而大。

复习思考题

1. 草坪机械的类型有哪些？都有什么作用？
2. 草坪养护管理机械主要有哪些种类？各有何作用？
3. 草坪打孔的目的是什么？草坪打孔机有哪些种类？
4. 草坪机械的发动机该如何养护？